BIM技术
在建筑工程绿色施工中的
应用研究

王永华　樊亚林　孙海明　著

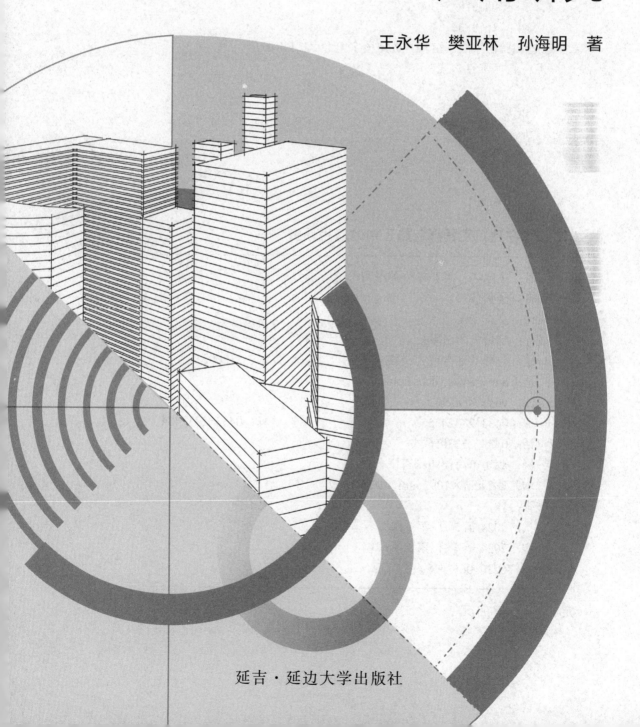

延吉·延边大学出版社

图书在版编目（CIP）数据

BIM 技术在建筑工程绿色施工中的应用研究 / 王永华，
樊亚林，孙海明著. -- 延吉 ：延边大学出版社，2024.
5. -- ISBN 978-7-230-06635-8

Ⅰ. TU74-39

中国国家版本馆 CIP 数据核字第 2024ZJ4916 号

BIM 技术在建筑工程绿色施工中的应用研究

著　　者：王永华　樊亚林　孙海明
责任编辑：金倩倩
封面设计：文合文化
出版发行：延边大学出版社
社　　址：吉林省延吉市公园路 977 号　　　邮　　编：133002
网　　址：http://www.ydcbs.com
E-mail：ydcbs@ydcbs.com
电　　话：0433-2732435　　　　　　　　传　　真：0433-2732434
发行电话：0433-2733056
印　　刷：廊坊市海涛印刷有限公司
开　　本：787 mm×1092 mm　1/16
印　　张：10　　　　　　　　　　　　　字　　数：200 千字
版　　次：2024 年 5 月　第 1 版
印　　次：2024 年 6 月　第 1 次印刷
ISBN 978-7-230-06635-8

定　　价：68.00 元

前　言

在建筑产业现代化发展的新形势下，传统建筑业在快速发展的同时，也暴露出缺点，如劳动强度大、施工精度低、质量误差大和材料浪费严重等。在这样的背景下，发展新型建造模式，大力推广绿色施工，是实现建筑产业转型升级的必然选择。绿色施工能够降低建筑施工对环境的负面影响，包括降低噪声，防止扬尘，减少环境污染，保持清洁运输，减少场地干扰，节约水、电、材料等资源和能源，等等，有利于可持续发展。

建筑信息模型（Building Information Modeling，BIM）是在计算机辅助设计（Computer Aided Design，CAD）等技术基础上发展起来的多维模型信息集成技术。BIM 能够应用于工程项目规划、勘察、设计、施工、运营和维护等各阶段，实现建筑全生命期各参与方在同一多维建筑信息模型基础上的数据共享，为产业链贯通、工业化建造和繁荣建筑创作提供技术保障；支持对工程环境、能耗、经济、质量和安全等方面的分析、检查和模拟，为项目全过程的方案优化和科学决策提供依据；支持各专业协同工作、项目虚拟建造和精细化管理，为建筑业的提质增效、节能环保创造条件。

BIM 正在改变建筑物的外观表达方式、运作方式和建造方式。BIM 代表了一种范式的转变，不仅对社会有着深远的影响，而且可以使建筑物的建造能耗更少，并能最大限度地降低劳动力成本和资本、资源成本。如今，BIM 技术已经成为我国信息技术产业和建筑产业发展的有力支撑和重要条件，它能给各产业带来社会效益、经济效益和环境效益。随着 BIM 技术不断得到应用、推广，越来越多的设计单位与施工企业，包括建筑行业内产业链上的其他企业，都在广泛地应用 BIM 技术。

本书由顾文娟、邓于莘、张潇楠负责审稿工作。本书在内容编排上，以 BIM 的基本理论为主线，研究了 BIM 技术及其在建筑工程绿色施工中的应用。在撰写本书的过程中，笔者参考了大量相关书籍和学术论文，在此对这些文献的作者表示衷心的感谢。

目　录

第一章 建筑施工的基本原理与技术

第一节 建筑产品与建筑工程施工的特点

建筑产品是指建筑企业通过施工活动生产出来的产品，它主要包括各种建筑物和构筑物。建筑产品与建筑工程施工的特点如下：

一、建筑产品的特点

（一）固定性

一般建筑产品均由基础和主体两部分组成。基础承受其全部载荷，并传给地基，同时将主体固定在地面上。任何建筑产品都是在选定的地点上建造和使用的，它在空间上是固定的。

（二）多样性

建筑产品不仅要满足复杂的使用功能方面的要求，它所具有的艺术价值还要体现出地方的或民族的风格等。同时，由于受到建造地点的自然条件等诸多因素的影响，建筑产品在规模、建筑形式、构造和装饰等方面具有多种差异。可以说，世界上没有两个一模一样的建筑产品。

（三）体积庞大性

无论是复杂的建筑产品，还是简单的建筑产品，均是为构成人们生活和生产的活动空间，或满足某种使用功能而建造的。建造一个建筑产品需要大量的建筑材料、制品、构件和配件，因此建筑产品较其他工业产品体积更庞大。

二、建筑工程施工的特点

建筑产品本身的特点决定了建筑产品的施工过程具有以下特点：

（一）流动性

建筑产品的固定性决定了建筑工程施工的流动性。在建筑产品的生产过程中，工人及其使用的材料和机具要随着建筑产品建造地点的改变而流动，在同一建筑产品的施工过程中，要随着建筑产品建造部位的改变而改变施工的工作面，这可能会给建筑工人的生产生活带来不便，这也是建筑工程施工区别于一般工业生产的主要特点。

（二）单件性和连续性

建筑产品地点的固定性和类型的多样性决定了产品生产的单件性，每个建筑产品应在选定的地点单独设计和施工。一般把建筑工程分成基础工程、主体工程和装饰工程三部分，一个功能完善的建筑产品需要完成所有施工步骤，才能够投入使用。另外，部分施工工艺要求不间断施工，这使得一些施工工作具有一定的连续性，例如混凝土的浇筑。

（三）周期长和季节性

建筑产品的体积庞大性决定了其施工周期长，需要投入大量的劳动力、材料、机械设备等。与一般的工业产品相比较，建筑产品的施工周期少则几个月，多则几年，甚至十几年，这也使得整个建筑产品的建造过程受到风吹、雨淋、日晒等自然条件的影响，因此建筑工程施工具有冬季施工、夏季施工和雨季施工等季节性施工的特点。

（四）复杂性

建筑产品的特点决定了建筑施工的复杂性。一方面，建筑产品的固定性和体积庞大性决定了建筑施工多为露天作业，这必然使施工活动受自然条件的制约；另一方面，在施工活动中，有大量的高空作业和地下作业，使得建筑工程施工具有复杂性，这就要求相关单位提前做好准备，在施工前，有一个全面的施工组织安排，提出相应的技术、组织、质量、安全、节约等保证措施，避免出现质量问题和发生安全事故。同时，建筑产品的建造时间、地域差异、环境变化、政策变化、价格变化等因素使得建筑施工过程充满变数。另外，在整个建筑产品的施工过程中，参与的单位和部门较多，项目管理者和主要负责人要与上至国家机关各部门，下至施工现场的操作工人打交道，需要协调各种人际关系。

第二节 建筑施工的组织设计

一、建筑施工组织设计的概念

建筑施工组织设计是以施工项目为对象编制的，用以指导施工的技术、经济和管理的综合性方案。

建筑施工组织设计的任务是对具体的拟建工程（建筑群或单个建筑物）的施工准备工作和整个施工过程，在人力和物力、时间和空间、技术和组织上做出一个全面且合理的计划和安排。

建筑施工组织设计为对拟建工程施工全过程进行科学管理提供了重要方法。通过建筑施工组织设计的编制，可以全面考虑拟建工程的各种具体条件，拟定合理的施工方案，确定施工顺序、施工方法、劳动组织和技术经济的组织措施，制订施工进度计划，保证拟建工程按期投产或交付使用；也可以为拟建工程设计方案在经济上的合理性、技术上的科学性和实施工程上的可行性论证提供依据；还可以为建设单位编制基本建设计划和施工企业编制施工计划提供依据。根据建筑施工组织设计，施工企业可以提前确定人力、材料和机具在使用上的先后顺序，全面安排资源的供应与消耗，合理地确定临时设施的数量、规模和用途，以及临时设施、材料和机具在施工场地上的布置方案。

二、建筑施工组织设计的原则与依据

（一）建筑施工组织设计的原则

第一，符合施工合同或招标文件中有关工程进度、质量、安全、环境保护和造价等方面的要求。

第二，积极开发、使用新技术和新工艺，推广应用新材料和新设备。

第三，坚持科学的施工程序和合理的施工顺序，采用流水施工、网络计划等方法，科学配置资源，合理布置现场，采取季节性施工措施，实现均衡施工，达到经济技术指标。

第四，采取技术和管理措施，推广建筑节能和绿色施工。

第五，与质量、环境和职业健康安全三个管理体系有效结合。

（二）建筑施工组织设计的依据

第一，与工程建设有关的法律、法规和文件。

第二，国家现行的有关标准和技术经济指标。

第三，工程所在地区行政主管部门的批准文件，建设单位对施工的要求。

第四，工程施工合同或招标、投标文件。

第五，工程设计文件。

第六，工程施工范围内的现场条件，工程地质及水文地质、气象等自然条件。

第七，与工程有关的资源供应情况。

第八，施工企业的生产能力、机具设备状况和技术水平等。

三、建筑施工组织设计的作用和分类

（一）建筑施工组织设计的作用

第一，建筑施工组织设计作为投标书的重要内容和合同文件的一部分，用于指导工程投标和签订施工合同工作。

第二，建筑施工组织设计是施工准备工作的重要组成部分，也是做好施工准备工作的依据。

第三，建筑施工组织设计是根据工程各种具体条件拟定的施工方案、施工顺序、劳动组织和技术组织措施等，是指导开展紧凑、有序施工活动的技术依据。它明确了施工重点和影响工期进度的关键施工过程，并提出了相应的技术、质量、安全等各项指标及技术组织措施，有利于提高综合效益。

第四，建筑施工组织设计所提出的各项资源需用量计划，可以直接为组织材料、机具、设备、劳动力需用量的供应和使用提供依据，协调各总包单位与分包单位、各工种、各类资源、资金等在施工程序、现场布置和使用上的关系。

第五，编制建筑施工组织设计，可以合理利用和安排为施工服务的各项临时设施，可以合理地部署施工现场，确保文明施工和安全施工。

第六，通过编制建筑施工组织设计，可以将工程的设计与施工、技术与经济、施工全局性规律和局部性规律、土建施工与设备安装、各部门及各专业之间有机结合，统一协调。

第七，通过编制建筑施工组织设计，可以分析施工中的风险和矛盾，及时研究解决问题的对策、措施，从而提高施工的预见性，减少盲目性。

（二）建筑施工组织设计的分类

建筑施工组织设计是一个总的概念，根据建设项目的类别、工程规模、编制阶段、编制对象范围的不同，在编制的深度和广度上也会有所不同。

建筑施工组织设计按编制对象范围的不同，可分为施工组织总设计、单位工程施工组织设计和分部（分项）工程施工组织设计三种。

施工组织总设计以一个建设项目或一个建筑群为对象进行编制，对整个建设工程施工过程的各项施工活动进行全面规划、统筹安排和战略部署，是指导全局性施工的技术纲要和经济纲要。

单位工程施工组织设计是以单位工程为对象编制的，用于直接指导单位工程的施工活动。

分部（分项）工程施工组织设计〔也叫分部（分项）工程作业设计〕是针对某些特别重要的，技术复杂的，或采用新工艺、新技术施工的分部（分项）工程编制的，其内容具体、详细，可操作性强，是指导分部（分项）工程施工的依据。

一般对于工程规模大、技术复杂或施工难度大的建筑物或构筑物，在编制单位工程施工组织设计之后，常需对某些重要的又缺乏施工经验的分部（分项）工程再进行深入的编制施工组织设计。

第三节 建筑工程测量

一、建筑工程测量的任务

建筑工程测量属于工程测量学范畴，它是指在建筑工程的勘察设计、施工建设和组织管理等阶段，相关人员应用测量仪器和工具，采用一定的测量技术和方法，根据工程施工进度和质量要求，应完成的各种测量工作。建筑工程测量的主要任务如下：

（一）大比例尺地形图的测绘

将工程建设区域内的各种地面物体的位置、性质及地面的起伏形态，依据规定的符号和比例尺绘制成地形图，为工程建设的规划设计提供必要的图纸和资料。

（二）施工放样和竣工测量

将图上设计的建（构）筑物按照设计的位置在实地标定出来，作为施工的依据；配合建筑施工，进行各种测量工作，保证施工质量；开展竣工测量，为工程验收、日后扩建和维修管理提供依据。

（三）建（构）筑物的变形观测

对一些大型的、重要的或位于不良地基上的建（构）筑物，在施工期间，为了确保安全，需要了解其稳定性，定期进行变形观测。同时，对建（构）筑物的变形观测可作为对设计、地基、材料、施工方法等进行验证的依据，能起到提供基础研究资料的作用。

二、建筑工程测量的作用

建筑工程测量在工程建设中有着广泛的应用，它服务于工程建设的每个阶段。

在工程勘测阶段，测绘地形图为规划设计提供各种比例尺的地形图和测绘资料。

在工程设计阶段，应用地形图进行总体规划和设计。

在工程施工阶段，要将在图纸上设计好的建（构）筑物的平面位置和高程按设计要求测设在实地，以此作为施工的依据；在施工中，要经常对施工和安装工作进行检验、校核，以保证所建工程符合设计要求；在工程竣工后，还要进行竣工测量。施工测量和竣工测量可供日后扩建和维修之用。

在工程管理阶段，对建（构）筑物进行变形观测，以保证工程的安全使用。

总而言之，在工程建设的各个阶段都要进行测量工作，并且测量的精度和速度直接影响着整个工程的质量和进度。

三、建筑工程测量的基本原则

无论是测绘地形图，还是施工放样，都会不可避免地产生误差。如果从一个测站点开始，不加任何控制地逐点施测，前一点的误差将传递到后一点，逐点累积，点位误差将越来越大，最终会导致测量结果不准确，不符合施工标准的要求。另外，逐点传递的测量效率也很低。因此，测量工作必须按照一定的原则进行。

（一）"从整体到局部，先控制后碎部"的原则

无论是测绘地形图，还是施工放样，在测量过程中，为了减少误差的累积，保证测区内所测点的必要精度，首先应在测区选择一些有控制作用的点（称为控制点），将它们的坐标和高程精确测定出来，然后分别以这些控制点为基础，测定出附近碎部点的位置。这样，不仅可以很好地防止误差的积累，而且可以通过控制测量将测区划分为若干个小区，同时展开几个工作面的碎部点测定工作，加快测量速度。

（二）"边工作边检核"的原则

测量工作一般分为外业工作和内业工作两种。外业工作的内容包括应用测量仪器和

工具在测区内所进行的各种测定和测设工作；内业工作是将外业观测的结果加以整理、计算，并绘制成图以供使用。测量成果的质量取决于外业工作，但外业工作又要通过内业工作才能得出成果。为了防止出现错误，无论外业工作，还是内业工作，都必须坚持"边工作边检核的原则"，即每步工作均应进行检核，前一步工作未做检核，不得进行下一步工作。这样，不仅可以大大降低测量成果出错的概率，同时由于每步都有检核，还可以及早发现错误，减少返工重测的工作量，从而保证测量成果的质量和较高的工作效率。

四、建筑工程测量的基本要求

测量工作是一项严谨、细致的工作，可谓"失之毫厘，谬以千里"。因此，在建筑工程测量过程中，测量人员必须坚持"质量第一"的理念，以严肃、认真的工作态度，保证测量成果的真实性、客观性和原始性，同时要爱护测量仪器和工具，在工作中发扬团队精神，并做好测量工作的记录。

第四节 地基基础施工技术

在建筑工程中，位于建筑物的最下端、埋入地下并直接作用在土层上的承重构件称为基础，它是建筑物的重要组成部分。支撑在基础下面的土层叫地基，地基不属于建筑物的组成部分，它是承受建筑物荷载的土层，建筑物的全部荷载最终由基础传给地基。基础的类型较多，按基础所采用的材料和受力特点进行分类，有刚性基础和非刚性基础；按基础的构造形式进行分类，有条形基础、独立基础、筏形基础、箱形基础和桩基础等；按基础的埋置深度进行分类，有浅基础和深基础等。

一、地基处理

地基处理的目的是利用各种地基处理的方法对地基土进行加固处理，用以改善地基土的工程性质，提高地基土的承载力，增强地基土的稳定性，降低地基土的压缩性，改善地基土的渗透性能，提高地基的抗震特性，减少地基土的沉降和不均匀沉降，使其在上部结构荷载作用下不致发生破坏或出现过大变形，以保证建筑物的安全和正常使用。对砂性土和粉土地基，还要消除可液化土层，防止地震时地基土的液化；对特殊土地基，要采取有效措施，消除或部分消除湿陷性黄土的湿陷性、膨胀土的胀缩性等特殊性，使之满足设计要求。

（一）换填垫层法

当软弱土地基的承载力或变形满足不了建筑物的要求，而软弱土层的厚度又不是很大时，将基础底面下处理范围内的软弱土层部分或全部挖去，或采取其他方式挤掉软弱土，然后分层换填强度较大的砂（碎石、素土、灰土、矿渣、粉煤灰等）或其他性能稳定、无侵蚀性的材料，并压（夯、振）实至要求的密实度为止，该方法总称为换填垫层法。不同材料的换填垫层，其主要作用与砂垫层是相同的，主要有以下几个方面的作用：

1.提高地基的承载力

挖去软弱土，换填抗剪强度较高的砂或其他较坚硬的填筑材料，必然会提高地基的承载力。

2.减少沉降量

由于砂垫层或其他垫层的应力扩散作用，减少了垫层下软弱土层的附加应力，所以也减少了软弱土层的沉降量。

3.排水加速软土固结

由于砂垫层和砂石垫层等垫层材料的透水性大，软弱土层受压后，垫层可作为良好的排水面和排水通道，使基础下面的软弱土层中的超静孔隙水压力迅速消散，加速垫层下软弱土层的排水固结，从而提高其强度、避免地基土塑性破坏。

4.防止冻胀

因为粗颗粒垫层材料孔隙大，可切断毛细水管，所以可以防止寒冷地区土中冬季结冰所造成的冻胀，只是砂垫层等垫层的厚度应满足当地冻结深度的要求。

5.消除膨胀土的胀缩作用

由于膨胀土具有遇水膨胀、失水收缩的特性，因此挖除基础底面以下的膨胀土，换填砂或其他材料的垫层，可消除膨胀土的胀缩作用，从而可避免膨胀土对建筑物的危害。

6.消除或部分消除黄土的湿陷性

由于黄土具有遇水下陷的特性，因此挖除基础底面以下的湿陷性黄土，换填不透水材料的垫层，可消除或部分消除黄土的湿陷性。

（二）加筋法

加筋法是指在软弱土层中沉入碎石桩（或砂桩），或在人工填土的路堤或挡墙内铺设土工聚合物（或钢带、钢条、尼龙绳等），或在边坡内打入土锚（或土钉、树根桩等）作为加筋，形成人工复合的土体，使土体可承受抗拉、抗压、抗剪或抗弯作用，以提高地基土体的承载力、减少沉降量和增强地基的稳定性。这种起到加筋作用的人工材料称为筋体，由土和筋体所组成的复合土体称为加筋土。

1.加筋法的优点

（1）加筋法可以建造较高的垂直面挡墙，根据工程实际需要，也可以建造倾斜面挡墙，可以用于地基、边坡的加固和强化等。

（2）可以建造陡坡，减少占地面积（特别是在不允许开挖的地区施工）。

（3）加筋的土体及结构属于柔性的，对各种地基都有较好的适应性，因而对地基的要求比其他结构的建筑物低。当遇到软弱地基时，常不采用深基础。

（4）加筋法支挡墙、台等结构，墙面变化多样。可以根据需要设计面板，进行美化，也可表面植草等。

（5）墙面板可以就地预制，也可以由工厂制造。

（6）加筋土结构既适于机械化施工，又适于人力施工；施工设备简单，无须大型机械，更可以在狭窄场地条件下施工；施工简便，基本不会产生噪声、施工垃圾等。

（7）抗震性能、耐寒性能良好。

（8）造价较低。

2.加筋法的分类

（1）加筋土垫层法

在地基中铺设加筋材料（如土工织物、土工格栅、金属板条等），形成加筋土垫层，以增大压力扩散角，提高地基的稳定性。筋条间用无黏性土，加筋土垫层可适用于各种软弱地基。

（2）加筋土挡墙法

在填土中分层铺设加筋材料，以提高填土的稳定性，形成加筋土挡墙。在挡墙外侧，可采用侧面板形式，也可采用加筋材料包裹形式。该方法适用于填土挡土结构。

（3）土钉墙法

通常采用钻孔、插筋、注浆的方法，在土层中设置土钉，也可直接将杆件插入土层中，通过土钉和土形成加筋土挡墙，以维持和提高土坡的稳定性。适用范围在软黏土地基极限支护高度 5 m 左右，砂性土地基应配以降水措施。

（4）锚杆支护法

锚杆通常由锚固段、非锚固段和锚头三部分组成。锚固段处于稳定土层，可对锚杆施加预应力，用于维持边坡稳定。在软黏土地基中，应慎用该方法。

（5）锚定板挡土结构

锚定板挡土结构由墙面、钢拉杆、锚定板和填土组成，锚定板处在填土层，可提供较大的锚固力。锚定板应用于填土挡土结构。

（6）树根桩法

在地基中设置如树根状的微型灌注桩（直径为 70～250 mm），以提高地基的承载力或土坡的稳定性。该方法适用于各类地基。

（7）低强度混凝土桩复合地基法

在地基中设置低强度混凝土桩，与桩间土形成复合地基，提高地基的承载力，减少沉降。该方法适用于各类深厚软弱地基。

（8）钢筋混凝土桩复合地基法

在地基中设置钢筋混凝土桩，与桩间土形成复合地基，以提高地基的承载力，减少沉降。该方法适用于各类深厚软弱地基。

（9）长短桩复合地基

由长桩、短桩与桩间土形成复合地基，可提高地基的承载力，减少沉降。长桩和短桩可采用同一桩型，也可采用两种桩型。通常，长桩采用刚度较大的桩型，短桩采用柔性桩或散体材料桩。该方法适用于深厚软弱地基。

（三）预压地基法

预压地基法又称为排水固结法，即在地基上进行堆载预压或真空预压，或联合使用堆载和真空预压，形成固结压密后的地基。

预压地基法由排水系统和加压系统两大部分组成。

排水系统由竖向排水体和水平排水体构成。竖向排水体有普通砂井、袋装砂井和塑料排水板，水平排水体为砂垫层。排水系统主要在于改变地基原有的排水边界条件，增加孔隙水排出的途径，缩短排水距离。该系统是由水平排水垫层和竖向排水体构成的。当软土层较薄或土的渗透性较好，而施工期允许较长时，可仅在地面铺设一定厚度的砂垫层，然后加载，土层中的水沿竖向流入砂垫层而排出。当工程上遇到透水性很差的深厚软土层时，可在地基中设置砂井等竖向排水体，地面连以排水砂垫层，构成排水系统。

加压系统的主要作用是给地基土增加固结压力，是起固结作用的荷载。加压方式通常可利用建筑物（如房屋）或构筑物（如路堤、堤坝等）自重、堆放固体材料（如石料、钢材等）、充水（如油罐充水）及抽真空施加负压力荷载等。

排水系统是一种手段，如没有加压系统，孔隙中的水没有压力差就不会自然排出，地基也就得不到加固。如果只增加固结压力，不缩短土层的排水距离，则不能在预压期间尽快地达到设计所要求的沉降量，强度不能及时提高，加载也就不能顺利进行。所以上述的两个系统在设计时总是被联系起来考虑的。

堆载预压法是对天然地基，或先在地基中设置砂井（袋装砂井或塑料排水带）等竖向排水体，然后利用建筑物自重分级逐渐加载（或在建筑物建造前在场地先行加载预压），使土体中的孔隙水排出，逐渐固结，地基发生沉降，同时土的抗剪强度逐步提高的一种加固方法。

预压地基法可使地基的沉降在加载预压期间基本完成或大部分完成，确保建筑物在使用期间不致产生过大的沉降和沉降差。同时，可增加地基土的抗剪强度，从而提高地基的承载力和稳定性。为了加速压缩过程，可采用大于建筑物质量的所谓"超载"进行预压。

真空预压法是在需要加固的软黏土地基内设置砂井或塑料排水带，然后在地面铺设砂垫层，再在其上覆盖一层不透气的密封膜使之与大气隔绝，通过埋设于砂垫层中的吸水管道，用真空泵抽气使膜内保持较高的真空度，在土的孔隙水中产生负的孔隙水压力，孔隙水逐渐被吸出从而达到预压效果。在加固范围内有足够水源补给的透水层又没有采取隔断水源补给措施时，不宜采用真空预压法。

（四）强夯地基法

强夯法又称动力固结法，该方法通常以 10～40 t 的重锤（最重可达 200 t）和 8～20 m 的落距（最高可达 40 m），对地基土施加很大的冲击能，一般能量可达 500～8 000 kN·m，以达到改善土体工程特性的目的。强夯法对地基土施加很大的冲击能，地基土中所出现的冲击波和动应力可以提高土的强度，降低土的压缩性，改善砂土的振动液化条件，消除湿陷性黄土的湿陷性等。同时，强夯法还能提高土层的均匀程度，减少将来可能出现的差异沉降。强夯法适用于处理碎石土、砂土、低饱和度的粉土与黏性土、湿陷性黄土、素填土和杂填土等地基。由于强夯法具有加固效果显著、适用土类广、设备简单、施工方便、节省劳力、施工期短、节约材料、施工文明和施工费用低等优点，所以可应用强夯法的工程范围极为广泛。

（五）挤密地基法

挤密地基法是指利用沉管、冲击、夯扩、振冲、振动沉管等方法，在土中挤压、振动成孔，使桩孔周围土体得到挤密、振密，并向桩孔内分层填入砂、碎石、土或灰土、石灰、渣土或其他材料形成地基。挤密地基法适用于处理湿陷性黄土、砂土、粉土、素填土和杂填土等地基。当以消除地基土的湿陷性为主要目的时，宜选用土桩挤密法；当以提高地基土的承载力或增强其水稳性为主要目的时，宜选用灰土桩（或其他具有一定胶凝强度的桩，如二灰桩、水泥土桩等）挤密法；当以消除地基土液化为主要目的时，宜选用振冲或振动挤密法。对重要工程或在缺乏经验的地区，在施工前，应按设计要求，在现场进行试验。一般来说，对于砂性土，挤密地基法的侧向挤密、振密作用占主导地位；而对于黏性土，则以置换作用为主，桩体与桩间土形成复合地基。

（六）振冲密实法

振冲密实法，一方面，依靠振冲器的强力振动，使饱和砂层发生液化，砂颗粒重新排列，孔隙减少；另一方面，依靠振冲器的水平振动力，在加固填料的情况下，还通过填料，使砂层挤压密实，达到加固的目的。该方法适用于处理松砂地基。加填料的振冲密实法施工可按下列步骤进行：

①清理平整场地、布置振冲点。

②施工机具就位，在振冲点上安放钢护筒，使振冲器对准护筒的轴心。

③起动水泵和振冲器，使振冲器徐徐沉入砂层，水压可用 400～600 kPa，水量可用 200～400 L/min，下沉速度宜控制在 1～2 m/min。

④振冲器达到设计处理深度以后，将水压和水量降至孔口有一定量回水，但无大量细颗粒带出的程度，将填料堆于护筒周围。

⑤填料在振冲器振动下依靠自重沿护筒周壁下沉至孔底，在电流升高到规定的控制值后，将振冲器上提 0.3～0.5 m。

⑥重复上一步骤，直至完成全孔处理，详细记录各深度的最终电流值、填料量等。

⑦关闭振冲器和水泵。

不加填料的振冲密实施工方法与加填料的振冲密实施工方法大体相同。使振冲器沉至设计处理深度，留振至电流稳定地大于规定值后，将振冲器上提 0.3～0.5 m。如此重复进行，直至完成全孔处理。在中粗砂层中施工时，如遇振冲器不能贯入，可增设辅助水管，加快下沉速率。

二、桩基施工

当建筑场地浅层地基土比较软弱，不能满足建筑物对地基承载力和变形的要求，又不适宜采取地基处理措施时，往往可以利用深层坚实土层或岩层作为持力层，采用深基础方案。深基础主要有桩基础、沉井和地下连续墙等几种类型，其中应用最广泛、最普遍的是桩基础。

桩基础由基桩和连接于桩顶的承台组成，通过桩杆将荷载传给深部的土层或侧向土体。桩基础的分类方法有很多，按照荷载的传递方式进行分类，可分为端承型桩（桩上荷载主要通过桩端阻力承受，略去桩表面与土的摩擦力作用）和摩擦型桩（桩上荷载主要由桩周与软土之间的摩擦力承受，同时考虑桩端阻力作用）；按照施工方法进行分类，可分为预制桩和灌注桩；按照桩径大小进行分类，可分为小直径桩（$d \leqslant 250$ mm）、中等直径桩（250 mm$< d < 800$ mm）和大直径桩（$d \geqslant 800$ mm）。

（一）混凝土预制桩

目前，常用的混凝土预制桩有普通钢筋混凝土桩（简称 RC 桩）、混合配筋管桩（简称 PRC 管桩）、预应力混凝土管桩（简称 PC 管桩）和预应力高强度混凝土管桩（简称 PHC 管桩）。普通钢筋混凝土预制方桩制作方便，价格比较便宜，桩长可根据需要确定，且可在现场预制，因此在工程中用得较多。

1.预制桩构造

（1）预制桩的混凝土强度等级不应低于 C30，预应力桩不应低于 C40，预制桩纵向钢筋的混凝土保护层厚度不宜小于 30 mm。

（2）混凝土预制桩的截面边长不应小于 200 mm，预应力混凝土预制桩的截面边长不宜小于 350 mm，预应力混凝土离心管桩的外径不宜小于 300 mm。

（3）预制桩的桩身配筋应按吊运、打桩和桩在建筑物中受力等条件计算确定。打入式预制桩的最小配筋率不宜小于 0.8 %，静压预制桩的最小配筋率不宜小于 0.6 %，主筋直径不宜小于 14 mm，打入桩桩顶 2～3d（d 为钢筋直径）长度范围内箍筋应加密，并设置钢筋网片。预应力混凝土预制桩宜优先采用先张法施加预应力。预应力筋宜选用冷拉Ⅲ级、Ⅳ级或 Ⅴ级钢筋。

（4）预制桩的分节长度应根据施工条件和运输条件确定。接头不宜超过 2 个，预应力管桩接头数量不宜超过 4 个。

（5）预制桩的桩尖可将主筋合拢焊在桩尖辅助钢筋上，在密实砂和碎石类土中，可在桩尖处包以钢板桩靴，以加强桩尖。

2.预制桩的制作

混凝土方桩多数是在施工现场预制的，也可在预制厂生产，可做成单根桩或多节桩，截面边长多为 200～550 mm。在现场预制混凝土方桩，其长度不宜超过 30 m；在工厂制作混凝土方桩，为便于运输，其单节长度不宜超过 12 m。混凝土预应力管桩则均在工厂用离心法生产，管桩直径一般为 300～800 mm，常用的管桩直径为 400～600 mm。

（1）桩的制作方法

为节省场地，现场预制方桩多用叠浇法制作。在桩与桩之间，应做好隔离层，桩、邻桩，及其与底模之间的接触面不得粘连；对于上层桩或邻桩的浇筑，必须在下层桩或邻桩的混凝土达到设计强度的 30 % 以上时，方可进行；桩的重叠层数不应超过 4 层。

预制桩的制作工艺如下：

.

现场制作场地压实、整平→场地地坪做三七灰土或浇筑混凝土→支模→绑扎钢筋骨架、安放吊环→浇筑混凝土→养护至 30 %强度拆模→支间隔端头模板、刷隔离剂、绑扎钢筋→浇筑混凝土→重叠制作第二层桩→养护至 70 %强度起吊→达到 100 %强度后运输、堆放。

（2）桩的制作要求

①场地要求：场地应平整、坚实，不得产生不均匀沉降。

②支模：宜采用钢模板，模板应具有足够的刚度，并应平整，尺寸应准确。

（3）钢筋骨架绑扎

①应确保桩中的钢筋位置正确，桩尖应与钢筋笼的中心轴线一致。

②钢筋骨架的主筋连接宜采用对焊和电弧焊方式，当钢筋直径大于 20 mm 时，宜采用机械连接方式。主筋接头在同一截面内的数量应符合规定：当采用对焊或电弧焊时，对于受拉钢筋，不得超过 50 %；相邻两根主筋接头截面的距离应大于 35 d（主筋直径），并应不小于 500 mm。

③纵向钢筋与箍筋应扎牢，连接位置应不偏斜，桩顶钢筋网片应按设计要求位置与间距设置，且不偏斜，整体扎牢制成钢筋笼。

④钢筋骨架允许偏差，但应符合相关规定。

⑤桩顶桩尖构造。桩顶一定范围内的箍筋应加密，并设置钢筋网片。

（4）混凝土浇筑

在浇筑混凝土之前，应清除模板内的垃圾、杂物，检查各部位的保护层。保护层应符合设计要求的厚度，主筋顶端保护层不宜过厚，以防锤击沉桩时桩顶破碎。在浇筑混凝土时，应由桩顶往桩尖方向进行，应连续浇筑，不得中断，并用振捣器仔细捣实，确保顶部结构的密实性，同时桩顶面与接头端面应平整，以防锤击沉桩时桩顶破碎。在浇筑完毕以后，应覆盖、洒水养护不少于 7 d，如用蒸汽养护，在蒸汽养护后，尚应适当自然养护，30 d 后方可使用。

3.起吊、运输和堆放

（1）起吊

在钢筋混凝土预制桩达到设计强度的 70 %后，方可起吊，若需提前起吊，应根据起吊时桩的实际强度，进行强度和抗裂度验算。在起吊时，吊点位置应符合设计计算规定。当吊点少于或等于 3 个时，其位置应按正、负弯矩相等的原则计算确定；当吊点多于 3 个时，其位置则应按反力相等的原则计算确定。若预制桩上吊点处未设吊环，则起吊时可采用捆绑起吊,在吊索与桩身接触处应加垫层,以防损坏棱角或桩身表面。在起吊时,应平稳提升,避免摇晃撞击和振动。

(2)运输

钢筋混凝土预制桩须待其达到设计强度的 100 %后,方可运输。若需提前运输,则必须验算桩身强度,在强度满足后采取一定措施,方可进行。对于长桩运输,可采用平板拖车、平台挂车运输;对于短桩运输,可采用载重汽车运输;若现场运距较近,可采用轻轨平板车运输,也可在桩下面垫以滚筒(应在桩与滚筒之间放置托板),用卷扬机移桩。严禁在现场以直接拖拉桩体的方式代替装车运输。在运输时,桩的支点应与吊点位置一致,桩应叠放平稳并垫实,支撑或绑扎牢固,以防在运输中晃动或滑动。一般情况下,宜根据打桩进度随打随运,以减少二次搬运。在运桩前,应先核对桩的型号,并对桩的混凝土质量、尺寸、桩靴的牢固性和打桩中使用的标志是否齐全等进行检查。当桩运到现场以后,应对其外观复查,以检查运输过程中桩是否损坏。

(3)堆放

堆放场地必须平整、坚实,排水良好,避免产生不均匀沉陷。支承点与吊点的位置应相同,并应在同一水平面上。各层支承点垫木应在同一垂直线上。不同规格的桩应分别堆放,桩堆放层数不宜超过 4 层。

(二)钢管桩

在沿海及内陆冲积平原地区,软土层很厚,土的天然含水量较高,天然孔隙比大,抗切强度低,压缩系数高,渗透系数小,而低压缩性持力层又很深(深达 50~60 m),若采用钢筋混凝土和预应力混凝土桩,沉桩时须用冲击力很大的桩锤,同时沉桩施工产生的挤土往往会对桩体造成损害。钢管桩贯入性好,承载力高,施工速度快,挤土小,因此这种情况多选用钢管桩。

1.钢管桩的特点

(1)承载力高。由于钢材强度高,耐锤击性能好,穿透力强,能够有效地打入坚硬土层,且桩长可较长,所以能获得极大的单桩承载力。

(2)桩长易于调节。钢材易于切割和焊接,可根据持力层的起伏,采用接长或切割的办法调节桩长。

(3)接头连接简单。采用电焊焊接,操作简便,强度高,使用安全。

(4)排土量小,对邻近建筑物影响小。桩下端为开口,随着桩打入,泥土挤入桩管内，与实桩相比挤土量大为减少，对周围地基扰动小。

（5）工程质量可靠，施工速度快。

（6）质量轻、刚性好，装卸、运输、堆放方便，不易损坏。

钢管桩施工设备：桩锤、桩架、桩帽（为防止钢管桩桩头被打坏，打桩时，在桩顶放置桩帽，钢管桩桩帽由铸铁和普通钢板制成）、送桩管（一般钢管桩顶埋置较深，可采用送桩管将桩管送入。送桩管应结构坚固，能重复使用）。

钢管桩内切割机和拔管设备：打桩能量损失小，效率高，但在土方开挖前，应用钢管桩内切割机将多余的上部钢管桩切割下去，以便土方开挖。所用切割设备有等离子切桩机、手把式氧乙炔切桩机、半自动氧乙炔切桩机、悬吊式全回转氧乙炔自动切割机等。在工作时，将切割设备吊挂送入钢管桩内的预定深度，依靠风动顶针装置将其固定在钢管桩的内壁，割嘴按预先调整好的间隙进行回转切割短桩头，然后将切割下的桩管拔出。拔出的短桩管经焊接接长后可再用。

2.拔出切割后的短桩管的方法

（1）用小型振动锤夹住桩管，振动拔起。

（2）在桩管顶以下的管壁上开孔，穿钢丝绳，用 40～50 t 履带吊车拔管。

（3）用内胀式拔管器将桩管拔出。在施工时，可上提锥形铁铊，使两侧半圆形齿块卡住钢管内壁，借助吊车将钢管拔出。

3.钢管桩的施工程序

桩机进场安装→桩机移动定位→吊桩→插桩→锤击下沉、接桩→锤击至设计标高→内切钢管桩→精割、戴钢帽。

（三）混凝土灌注桩施工

灌注桩是直接在桩位上就地成孔，然后在孔内安放钢筋笼灌注混凝土而成的。灌注桩能适应各种地层，无须接桩，施工时无振动、无挤土、噪声小，宜在建筑物密集地区使用。但其操作要求严格，施工后需较长的养护期，才可承受荷载，成孔时有大量土渣或泥浆排出。根据成孔工艺的不同，可分为干作业成孔灌注桩、泥浆护壁成孔灌注桩、套管成孔灌注桩和爆扩成孔灌注桩等。灌注桩施工工艺发展很快，还出现了夯扩沉管灌注桩、钻孔压浆成桩等新工艺。

1.灌注桩的构造要求

（1）桩身混凝土及混凝土保护层的要求

桩身混凝土强度等级不得小于 C25，混凝土预制桩尖强度等级不得小于 C30；灌注桩主筋的混凝土保护层厚度不得小于 35 mm，水下灌注桩主筋的混凝土保护层厚度不得小于 50 mm。

（2）配筋构造要求

①配筋率。当桩身直径为 300～2 000 mm 时，正截面配筋率可取 0.65 %～0.20 %；对于受荷载作用特别大的桩、抗拔桩和嵌岩端承型桩，应根据计算确定配筋率，并不少于上述规定值。

②配筋长度的规定。端承型桩应沿桩身等截面或变截面配筋，摩擦型桩配筋长度不应小于 2/3 桩长。

③对于抗压桩和抗拔桩，主筋不应少于 6Φ10，纵向主筋应沿桩身周边均匀布置，其净距不应小于 60 mm。

④箍筋应采用螺旋式，直径不少于 6 mm，间距宜为 200～300 mm，受水平荷载较大的桩基及考虑主筋作用计算桩身受压承载力，桩顶以下 $5d$ 范围内的箍筋应加密。

2.钢筋笼制作

主要施工程序：原材料报检→可焊接性试验→焊接参数试验→设备检查→施工准备→台具模具制作→钢筋笼分节加工→声测管安制→钢筋笼底节吊放→第二节吊放→校正、焊接→最后节定位。

3.泥浆护壁成孔灌注桩

泥浆护壁成孔灌注桩是利用泥浆护壁，钻孔时通过循环泥浆将钻头切削下的土渣排出孔外而成孔，而后吊放钢筋笼，水下灌注混凝土而成桩。宜用于地下水位以下的黏性土、粉土。

泥浆护壁成孔灌注桩的施工工艺流程如下：

测放桩点→埋设护筒→钻机就位→钻孔→注泥浆→排渣→清孔→吊放钢筋笼→插入混凝土导管→灌注混凝土→拔出导管。

（1）测放桩点

平整清理好施工场地后，设置桩基轴线定位点和水准点，根据桩平面布置施工图，定出每根桩的位置，并做好标识。在施工前，桩位要检查复核，以防受外界因素影响而出现偏移。

（2）埋设护筒

护筒的作用：固定桩孔位置，防止地面水流入，保护孔口，增高桩孔内水压力，防止塌孔，成孔时引导钻头方向。护筒用 4～8 mm 厚钢板制成，内径比钻头直径大 100～200 mm，顶面高出地面 0.4～0.6 m，上部开 1 个或 2 个溢浆孔。在埋设护筒时，先挖去桩孔处的表土，将护筒埋入土中，其埋设深度，在黏土中不宜小于 1 m，在砂土中不宜小于 1.5 m。其高度要满足孔内泥浆液面高度的要求，孔内泥浆液面应保持高出地下水位 1 m 以上。采用挖坑埋设时，坑的直径应比护筒外径大 0.8～1.0 m。护筒中心与桩位中心线偏差不应大于 50 mm，对位后应在护筒外侧填入黏土并分层夯实。

（3）泥浆制备

泥浆的作用是护壁、携砂排土、切土润滑、冷却钻头，其中以护壁为主。泥浆制备方法应根据土质条件确定：在黏土和粉质黏土中成孔时，可注入清水，以原土造浆，排渣泥浆的密度应控制在 1.1～1.3 g/cm³；在其他土层中成孔，泥浆可选用高塑性（$I_p \geqslant 17$）的黏土或膨润土制备；在砂土和较厚夹砂层中成孔时，泥浆密度应控制在 1.1～1.3 g/cm³；在穿过砂夹卵石层或容易塌孔的土层中成孔时，泥浆密度应控制在 1.3～1.5 g/cm³。在施工中，应经常测定泥浆密度，并定期测定黏度、含砂率和胶体率。泥浆的控制指标为黏度 18～22 Pa·s、含砂率不大于 8 %、胶体率不小于 90 %，为了提高泥浆质量，可加入外掺料，如增重剂、增黏剂、分散剂等。对于施工中废弃的泥浆、泥渣，应按有关环保规定处理。

（4）成孔方法

回转钻成孔是国内灌注桩施工中最常用的方法之一。按照排渣方式不同，可分为正循环回转钻机成孔和反循环回转钻机成孔两种。

①正循环回转钻机成孔。由钻机回转装置带动钻杆和钻头回转切削破碎岩土，由泥浆泵往钻杆输进泥浆，泥浆沿孔壁上升，从孔口溢浆孔溢出流入泥浆池，经沉淀处理返回循环池。正循环成孔泥浆的上返速度低，携带土粒直径小，排渣能力差，岩土重复破碎现象严重，适用于填土、淤泥、黏土、粉土、砂土等地层，对于卵砾石含量不大于 15 %、粒径小于 10 mm 的部分砂卵砾石层和软质基岩及较硬基岩也可使用。桩孔直径不宜大于 1 000 mm，钻孔深度不宜超过 40 m。一般来讲，对砂土层用硬质合金钻头钻进时，转速取 40～80 r/min，在较硬或非均质地层中，转速可适当调慢。当用钢粒钻头钻进时，转速取 50～120 r/min，大桩取小值，小桩取大值；当用牙轮钻头钻进时，

转速取 60～180 r/min。在松散地层中，应以冲洗液畅通和钻渣清除及时为前提，灵活确定钻压；在基岩中钻进时，可以通过配置加重铤或重块来提高钻压。对于硬质合金钻钻进成孔，钻压应根据地质条件、钻杆与桩孔的直径差、钻头形式、切削具数目、设备能力和钻具强度等因素综合确定。

②反循环回转钻机成孔。由钻机回转装置带动钻杆和钻头回转切削破碎岩土，利用泵吸、气举、喷射等措施抽吸循环护壁泥浆，挟带钻渣从钻杆内腔抽吸出孔外的成孔方法，根据抽吸原理不同，可分为泵吸反循环、喷射（射流）反循环和气举反循环三种施工工艺。泵吸反循环是直接利用砂石泵的抽吸作用，使钻杆内的水流上升而形成反循环；喷射反循环是利用射流泵射出的高速水流产生负压，使钻杆内的水流上升而形成反循环；气举反循环是利用送入压缩空气使水循环。钻杆内水流上升速度与钻杆内外液柱重度差有关。当孔深小于 50 m 时，宜选用泵吸或射流反循环；当孔深大于 50 m 时，宜采用气举反循环。

（5）清孔

当钻孔达到设计要求深度并经检查合格后，应立即进行清孔，目的是清除孔底沉渣以减少桩基的沉降量，提高承载能力，确保桩基质量。清孔方法有真空吸泥渣法、射水抽渣法、换浆法和掏渣法。清孔应达到如下标准才算合格：

一是对孔内排出或抽出的泥浆，用手摸捻应无粗粒感觉，孔底 500 mm 以内的泥浆密度小于 1.25 g/cm³（原土造浆的孔则应小于 1.1 g/cm³）；

二是在浇筑混凝土前，孔底沉渣允许厚度符合标准规定，即端承型桩≤50 mm，摩擦型桩≤100 mm，抗拔抗水平桩≤200 mm。

（6）吊放钢筋笼

清孔后，应立即安放钢筋笼。钢筋笼一般在工地制作，制作时要求主筋环向均匀布置，箍筋直径及间距、主筋保护层、加劲箍的间距等均应符合设计要求。对于分段制作的钢筋笼，其接头采用焊接且应符合施工及验收规范的规定。钢筋笼主筋净距必须大于 3 倍的骨料粒径，加劲箍宜设在主筋外侧，钢筋保护层厚度不应小于 35 mm（水下混凝土不得小于 50 mm）。可在主筋外侧安设钢筋定位器，以确保保护层厚度。为了防止钢筋笼变形，可在钢筋笼上每隔 2 m 设置一道加强箍，并在钢筋笼内每隔 3～4 m 装一个可拆卸的十字形临时加劲架，在吊放入孔后拆除。在吊放钢筋笼时，应使其保持垂直，缓缓放入，防止碰撞孔壁。若造成塌孔或安放钢筋笼时间太长，应在二次清孔后再浇筑混凝土。

（7）浇筑混凝土

在钢筋笼内插入混凝土导管（管内有射水装置），通过软管与高压泵连接，开动泵，水即射出。射水后，孔底的沉渣即悬浮于泥浆之中。停止射水后，应立即浇筑混凝土，随着混凝土的不断增高，孔内沉渣将浮在混凝土上面，并同泥浆一起排回泥浆池内。水下浇筑混凝土应连续施工，在开始浇筑混凝土时，从导管底部至孔底的距离宜为 300～500 mm；应有足够的混凝土储备量，导管一次埋入混凝土浇筑面以下不应少于 0.8 m；导管埋入混凝土深度宜为 2～6 m，严禁将导管拔出混凝土浇筑面，并应控制提拔导管的速度，应有专人测量导管埋深及管内外混凝土浇筑面的高差，填写水下混凝土浇筑记录。应控制最后一次的浇筑量，超浇高度宜为 0.8～1.0 m，凿除泛浆后，必须保证暴露的桩顶混凝土强度达到设计等级。

4.干作业钻孔灌注桩

干作业钻孔灌注桩不需要泥浆或套管护壁，是直接利用机械成孔，放入钢筋笼，浇筑混凝土而成的桩。常用的有螺旋钻孔灌注桩，适用于黏性土、粉土、砂土、填土和粒径不大的砾砂层，也可用于非均质含碎砖、混凝土块、条石的杂填土及大卵石、砾石层。

螺旋钻机灌注桩施工工艺流程如下：

桩位放线→钻机就位→取土成孔→测定孔径、孔深和桩孔水平与垂直偏差并校正→取土成孔达设计标高→清除孔底松土沉渣→成孔质量检查→安放钢筋笼或插筋→浇筑混凝土。

（1）钻机就位

钻机就位时，必须保持机身平稳，确保施工中不发生倾斜、位移；使用双侧吊线坠方法或使用经纬仪校正钻杆垂直度。

（2）取土成孔

对准桩位，开动钻机钻进，出土达到控制深度后停钻、提钻。

（3）清孔

钻至设计深度后，进行孔底清理。清孔方法是在原深处空转，然后停止回转，提钻卸土或用清孔器清土。清孔后，用测深绳或手提灯测量孔深和虚土厚度，成孔深度和虚土厚度应符合设计要求。

（4）安放钢筋笼

在安放钢筋笼前，复查孔深、孔径、孔壁、垂直度和孔底虚土厚度，在钢筋笼上，必须绑好砂浆垫块（或卡好塑料卡）；在钢筋笼起吊时，不得在地上拖曳；在吊入钢筋笼时，要吊直扶稳，对准孔位，缓慢下沉，避免碰撞孔壁；当钢筋笼下放到设计位置时，应立即固定。在浇筑混凝土之前，应再次检查孔内虚土厚度。

（5）浇筑混凝土

在浇筑混凝土前，应在孔口安放护孔漏斗，然后放置钢筋笼，并应再次测量孔内虚土厚度；在吊放串筒浇筑混凝土时，注意落差不得大于 2 m。在浇筑混凝土时，应连续进行，分层振捣密实，分层厚度根据捣固的工具而定，一般不大于 1.5 m。当混凝土浇到距桩顶 1.5 m 时，可拔出串筒，直接浇筑混凝土。当混凝土浇筑到桩顶时，桩顶标高至少要比设计标高高出 0.5 m，凿除浮浆高度后，必须保证暴露的桩顶混凝土强度达到设计等级。

5.人工挖孔灌注桩

人工挖孔灌注桩是指在设计桩位处采用人工挖掘方法进行成孔，然后安放钢筋笼，浇筑混凝土所形成的桩。其施工特点是：设备简单；在成孔作业时，无噪声和振动，无挤土现象；施工速度快，可同时开挖若干个桩孔；在挖孔时，可直接观察土层的变化情况，孔底沉渣清除彻底，施工质量可靠。但在施工时，人工消耗量大，安全操作条件差。在人工挖孔灌注桩施工时，为确保挖孔安全，必须采取支护措施，防止土壁坍塌。支护方法有：现浇混凝土护壁、喷射混凝土护壁、砖护壁、钢套管护壁等多种。

（四）灌注桩后压浆

后压浆技术的基本原理是通过预先设置钢筋笼上的压浆管，在桩体达到一定强度后（一般 7～10 d），向桩侧或桩底压浆，固结孔底沉渣和桩侧泥皮，并使桩端和桩侧一定范围内的土体得到加固，从而达到提高承载力的目的。后压浆的类型很多，可分别按压浆工艺、压浆部位、压浆管埋设方式及压浆循环方式进行分类。

1.按压浆工艺进行分类

按压浆工艺进行分类，可分为闭式压浆和开式压浆。

（1）闭式压浆

闭式压浆是指将预制的弹性良好的腔体（又称承压包、预承包、压浆胶囊等）或压力注浆室随钢筋笼放至孔底，在成桩后，通过地面压力系统把浆液注入腔体内。随着注浆量的增加，弹性腔体逐渐膨胀、扩张，对沉渣和桩端土层进行压密，并用浆体取代（置换）部分桩端土层，从而在桩端形成扩大头。

（2）开式压浆

开式压浆是指将连接于压浆管端部的压浆装置随钢筋笼一起放置于孔内某一部位，成桩后，压浆装置通过地面压力系统把浆液直接压入桩底和桩侧的岩土体中，浆液与桩底桩侧沉渣、泥皮和周围土体等产生渗透、填充、置换、劈裂等多种效应，在桩底和桩侧形成一定的加固区。

2.按压浆部位进行分类

按压浆部位进行分类，可分为桩侧压浆、桩端压浆和桩侧桩端压浆。

（1）桩侧压浆

桩侧压浆是指仅在桩身某一部位或若干部位进行压浆。

（2）桩端压浆

桩端压浆是指仅在桩端进行压浆。

（3）桩侧桩端压浆

桩侧桩端压浆是指在桩身若干部位和桩端进行压浆。

3.按压浆管埋设方式进行分类

按压浆管埋设方式进行分类，可分为桩身预埋管压浆法和钻孔埋管压浆法。

（1）桩身预埋管压浆法

桩身预埋管压浆法是指将压浆管固定在钢筋笼上，压浆装置随钢筋笼一起下放至桩孔某一深度或孔底。

（2）钻孔埋管压浆法

钻孔埋管压浆法的钻孔方式有两种：一种是在桩身中心钻孔，并深入桩底持力层一定深度（一般为 1 倍桩径以上），然后放入压浆管，封孔并间歇一定时间后，进行桩底压浆；另一种是在桩外侧的土层中钻孔，即成桩后，距桩侧 0.2～0.3 m 钻孔至要求的深度，然后放入压浆管，封孔并间歇一定时间后进行压浆。

4.按压浆循环方式进行分类

按压浆循环方式进行分类，可分为单向压浆和循环压浆。

（1）单向压浆

单向压浆即每一压浆系统由一个进浆口和桩端（桩侧）压浆器组成。在压浆时，浆液由进浆口到压浆器的单向阀，再到土层，呈单向性。压浆管路不能重复使用，不能控制压浆次数和压浆间隔。

（2）循环压浆

循环压浆又称 U 形管压浆：每一个压浆系统由一根进口管、一根出口管和一个压力注浆装置组成。在压浆时，将出浆口封闭，浆液通过桩端压浆器的单向阀注入土层中。一个循环压完规定的浆量后，将压浆口打开，通过进浆口用清水对管路进行冲洗，同时桩端压浆器的单向阀可防止土层中浆液的回流，保证管路的畅通，便于下一循环继续使用，从而实现压浆的可控性。

第五节 主体结构施工技术

一、砖砌体结构施工

（一）砌筑砂浆的制备

砌筑砂浆应通过试配确定配合比。当砌筑砂浆的组成材料有变更时，其配合比应重新确定。按照《砌筑砂浆配合比设计规程》（JGJ/T 98-2010）的规定，砌筑砂浆的配合比以质量比的方式表示。

1.砌筑砂浆配合比的基本要求

（1）砂浆拌合物的和易性应满足施工要求，拌合物的体积密度要求为水泥砂浆 $\geqslant 1\,900\ kg/m^3$，水泥混合砂浆、预拌砌筑砂浆 $\geqslant 1\,800\ kg/m^3$。

（2）砌筑砂浆的强度、耐久性应满足设计要求。

（3）在经济上应合理，水泥及掺合料的用量应较少。

2.砌筑砂浆现场拌制工艺

（1）技术准备

熟悉图样，核对砌筑砂浆的种类、强度等级、使用部位。委托有资质的试验部门对砂浆进行试配试验，并出具砂浆配合比报告。在施工前，应向操作者进行技术交底。

（2）材料准备

①水泥。在进场使用前，应分批对水泥的强度、安定性进行复验；在检验时，所用水泥应以同一生产厂家、同一编号为一批；在使用中，若对水泥质量有怀疑或水泥出厂超过 3 个月，应重新复验，并按其复验结果使用；对于不同品种的水泥，不得混合使用。

②砂。宜用中砂，过 5 mm 孔径的筛子，且不应含有杂物。对于强度等级 ≥M5 的砂浆，砂含泥量应 ≤5 %。

③掺合料。用生石灰熟化成石灰膏时，用孔径不大于 3 mm×3 mm 的网过滤，熟化时间 ≥7 d；磨细生石灰粉的熟化时间 ≥2 d。对于沉淀池中储存的石灰膏，应采取防止干燥、冻结和污染的措施。严禁使用脱水硬化的石灰膏。电石膏为无机物，在检验电石膏时，应将其加热至 70℃ 并保持 20 min，没有乙炔气味，方可使用。消石灰粉（其主要成分是氢氧化钙，俗称消石灰）不得直接用于砌筑砂浆中。脱水硬化的石灰膏和消石灰粉不能起塑化作用，且影响砂浆强度，因此不能使用。按计划组织原材料进场，及时取样进行原材料的复试。

（3）施工机具准备

施工机械：砂浆搅拌机、垂直运输机械等。

施工工具：手推车、铁锹等。

检测设备：台秤、磅秤、砂浆稠度仪、砂浆试模等。

（二）砖砌体结构施工流程

砖砌体结构施工流程如下：

抄平→放线→摆砖→立皮数杆→盘角挂线→砌砖→勾缝。

1.抄平

在砌墙前，应在基础防潮层或楼面上定出各层标高，并用 M7.5 水泥砂浆或 C10 细石混凝土找平，使各段砖墙底部标高符合设计要求。在找平时，应使上下两层外墙之间不致出现明显的接缝。

2.放线

放线的作用是确定各段墙体砌筑的位置。根据轴线桩或龙门板上轴线的位置，在做好的基础顶面上，弹出墙身中线及边线，同时弹出门洞口的位置。对于二层以上墙的轴线，可以用经纬仪或垂球将轴线引上，并弹出各墙的轴线、边线及门窗洞口位置线。

3.摆砖

摆砖是指在放线的基面上，按选定的组砌方式，用干砖试摆。其目的是校对所放出的墨线在门窗洞口、附墙垛等处是否符合砖的模数，以尽可能减少砍砖并使砌体灰缝均匀，组砌得当。对于山墙、檐墙，一般采用"山丁檐跑"，即在房屋外纵墙（檐墙）方向摆顺砖，在外横墙（山墙）方向摆丁砖，摆砖由一个大角摆到另一个大角，砖与砖之间留 10 mm 缝隙。

4.立皮数杆

皮数杆是指在其上画有每皮砖和砖缝厚度，以及门窗洞口、过梁、楼板、梁底、预埋件等标高位置的一种木制标杆。它是砌筑时控制砌体竖向尺寸的标志。皮数杆一般立于房屋的四大角、内外墙交接处、楼梯间，以及洞口多的地方，在没有转角的通长墙体上，每隔 10～15 m 立一根。皮数杆上的±0.000 要与房屋的±0.000 相吻合。

5.盘角挂线

墙角是控制墙面横平竖直的主要依据，所以一般在砌筑时先砌墙角，墙角砖层高度必须与皮数杆相符合，做到"三皮一吊，五皮一靠"。墙角必须双向垂直。墙角砌好后，即可挂小线，作为砌筑中间墙体的依据。为保证砌体垂直平整，在砌筑时必须挂线，一般来讲，对于 240 mm 厚的墙，可单面挂线，而对于 370 mm 及以上厚的墙，则应双面挂线。

6.砌砖

砖砌体的砌筑方法有"三一"砌砖法、挤浆法、刮浆法和满口灰法。其中，"三一"砌砖法和挤浆法最为常用。"三一"砌砖法，即一块砖、一铲灰、一揉压，并随手将挤出的砂浆刮去的砌筑方法。用空心砖砌体，宜采用"三一"砌砖法。"三一"砌砖法的优点是灰缝饱满，黏结性好，墙面整洁。挤浆法即用灰勺、大铲或铺灰器在墙顶上铺一段砂浆，然后双手拿砖或单手拿砖，用砖挤入砂浆中，达到一定厚度之后，把砖放平，达到下齐边、上齐线、横平竖直的要求。挤浆法的优点是可以连续挤砌几块砖，减少烦琐的动作；平推、平挤可使灰缝饱满，砌筑效率高、质量好。

7.勾缝

勾缝是砖砌体结构施工的最后一道工序，具有保护墙面和增加墙面美观的作用。对于内墙面或混水墙，可采用随砌随勾缝的方法，这种方法被称为原浆勾缝法。对于清水墙，应采用 1：1.5～1：2 水泥砂浆勾缝，该方法被称为加浆勾缝法。墙面勾缝应横平竖直，深浅一致，搭接平整。砖墙勾缝通常有凹缝、凸缝、斜缝和平缝，宜采用凹缝或平缝，凹缝深度一般为 4～5 mm。在勾缝完毕后，应清理墙面、柱面等。

（三）砖砌体结构施工基本规定

①砖砌体组砌方法应正确，内外搭砌，上、下错缝。清水墙、窗间墙无通缝；在混水墙中，不得有长度大于 300 mm 的通缝，长度 200～300 mm 的通缝每间不超过 3 处，且不得位于同一面墙体上。对于砖柱，不得采用包心砌法。

②砖砌体的灰缝应横平竖直，薄厚均匀。水平灰缝厚度及竖向灰缝宽度宜为 10 mm，不应小于 8 mm，不应大于 12 mm。

（四）砖砌体结构施工主控项目

①砖和砂浆的强度等级必须符合设计要求。

②砌体灰缝砂浆应密实饱满，砖墙水平灰缝的砂浆饱满度不得低于 80 %；砖柱水平灰缝和竖向灰缝饱满度不得低于 90 %。

③砖砌体的转角处和交接处应同时砌筑，严禁无可靠措施的内外墙分砌施工。在抗震设防烈度为 8 度及 8 度以上的地区，对于不能同时砌筑而又必须留置的临时间断处，应砌成斜槎，普通砖砌体斜槎水平投影长度不应小于高度的 2/3。多孔砖砌体的斜槎长高比不应小于 1/2。斜槎高度不得超过一步脚手架的高度。

④对于非抗震设防及抗震设防烈度为 6 度、7 度地区的临时间断处，当不能留斜槎时，除转角处外，可留直槎，但直槎必须做成凸槎，且应加设拉结钢筋。

（五）混凝土小型空心砌块砌体施工

混凝土砌块一般为空心构造，自重轻，不但减少了施工中的材料运输量，而且可以有效减轻基础的负荷，使得地基处理相对容易，还有施工速度快、砂浆用量少等优点。但是，砌块建筑容易产生裂（墙体开裂）、热（外墙保温隔热性能差）、漏（外墙易渗水）等质量通病，因此在施工中应采取相应的对策。

1.施工要点

（1）对于小砌块的产品，其龄期不应小于 28 d，承重墙体使用的小砌块应完整、无破损、无裂缝。

（2）对于底层室内地面以下或防潮层以下的砌体，应采用强度等级不低于C20（或Cb20）的混凝土灌实小砌块的孔洞。

（3）砌筑普通混凝土小型空心砌块砌体，不需对小砌块浇水湿润，如果天气炎热、干燥，宜在砌筑前对其喷水湿润；对于轻骨料混凝土小型空心砌块，应提前浇水湿润，块体的相对含水率宜为40 %～50 %。如果是雨天或者小砌块表面有浮水时，不得施工。

（4）小砌块墙体应孔对孔、肋对肋，错缝搭砌。单排孔小砌块的搭接长度应为块体长度的1/2；多排孔小砌块的搭接长度可适当调整，但不宜小于小砌块长度的1/3，且不应小于90 mm。当墙体的个别部位不能满足上述要求时，应在灰缝中设置拉结钢筋或钢筋网片，但竖向通缝仍不得超过两皮小砌块。

（5）应将小砌块生产时的底面朝上，反砌于墙上。

（6）对于砌体水平灰缝和竖向灰缝的砂浆饱满度，应按净面积计算，且不得低于90 %。

（7）对于墙体转角处和纵横交接处，应同时砌筑。对于临时间断处，应砌成斜槎，斜槎水平投影长度不应小于斜槎高度。在施工洞口，可预留直槎，但在洞口砌筑和补砌时，应在直槎上下搭砌的小砌块孔洞内，用强度等级不低于C20（或Cb20）的混凝土灌实。砌体的水平灰缝厚度和竖向灰缝宽度宜为10 mm，但不应小于8 mm，也不应大于12 mm。

2.芯柱

芯柱的施工流程如下：

芯柱砌块的砌筑→芯孔的清理→芯柱钢筋的绑扎→用水冲洗芯孔→隐检→封闭芯柱清扫口→孔底灌适量素水泥浆→浇筑灌孔混凝土→振捣→芯柱质量检查。

在砌筑芯柱时，对于芯柱部位，可用通孔砌块砌筑，为保证芯孔截面的尺寸（120 mm×120 mm），应将芯孔壁顶面和底面的飞边、毛刺打掉，以避免芯柱混凝土颈缩。需要注意的是，在施工中禁止使用半封底的砌块。对于芯柱钢筋的大小，应按设计图的要求而定，并将其放在孔洞的中心位置。钢筋应与基础或基础梁上预埋的钢筋连接，上、下楼层的钢筋可以在楼板面上搭接，搭接长度应不小于40 d。当预埋钢筋位置有偏差时，应将钢筋斜向与芯柱内钢筋连接，禁止将预埋钢筋弯折与芯柱内钢筋连接。在浇筑混凝土前，应用水冲洗孔洞内壁，将积水排出，进行隐检，然后用砌块或模板封闭清扫口，灌入适量的与灌孔混凝土配合比相同的水泥砂浆，并在混凝土的浇筑口放一块钢板。当小型砌块墙砌筑完一个楼层高度，芯柱砌块的砌筑砂浆强度大于1 MPa时，方可浇筑混凝土。混凝土应分层浇筑，每浇 400～500 mm 高度须振实一次，或边浇筑边振捣，严禁浇满一个楼层后再振捣，振捣宜采用机械式振捣。当现浇圈梁与芯柱一起浇筑时，在未设芯柱部位的孔洞，应设钢筋网片，以避免混凝土灌入砌块孔洞内。对于楼板，在芯柱部位应留缺口，以保证芯柱贯通。芯柱混凝土不得漏浇，在浇筑时，应严格核实混凝土灌入量，确认其密度后，方可继续施工。

二、混凝土结构施工

（一）模板

模板系统包括模板、支架和紧固件三个部分。模板又称模型板，是现浇混凝土成型用的模型。支承模板和承受作用在模板上的荷载的结构（如支柱、桁架等）均称为支架。模板及其支架应根据工程结构形式、荷载大小、地基土类别、施工设备和材料供应等条件，进行设计。模板及其支架应有足够的承载力、刚度和稳定性，能可靠地承受浇筑混凝土的重量、侧压力及施工荷载。

模板的种类有很多，按其所用材料的不同，可分为木模板、钢模板、钢木模板、钢竹模板、胶合板模板、塑料模板和铝合金模板等；按其结构类型的不同，可分为基础模板、柱模板、楼板模板、墙模板、壳模板和烟囱模板等；按其形式的不同，分为整体式模板、定型模板、工具式模板、滑升模板和胎模板等。

1.木模板

木模板一般是在木工车间或木工棚加工成基本组件，然后在现场进行拼装的。拼板由板条用拼条钉成。板条厚度一般为 25～50 mm，宽度不大于 200 mm，以保证在干缩时缝隙均匀，在浇水后易于密封，在受潮后不易翘曲。对于梁底的拼板，由于受到较大荷载，需要加厚至 40～50 mm。对于拼条，根据受力情况，可平放或立放。拼条间距取决于所浇筑混凝土的侧压力和板条厚度，一般为 400～500 mm。

（1）基础模板

基础的特点是高度不大但体积较大。基础模板一般利用地基或基槽（坑）进行支撑。如土质良好，基础的最下一级可不用模板，直接原槽浇筑。在安装时，要保证上下模板不发生相对位移。如为杯形基础，则要在其中放入杯口模板。

（2）柱模板

柱的特点是断面尺寸不大但高度较大。柱模板由内拼板夹在两块外拼板之内组成，也可用短横板代替外拼板钉在内拼板上。在安装柱模板前，应先绑扎好钢筋，测出标高并标注在钢筋上，同时在已浇筑的基础顶面或楼面上，固定好柱模板底部的木框，在内外拼板上弹出中心线，根据柱边线及木框竖立模板，并用临时斜撑固定，然后由顶部用锤球校正，使其垂直。在检查无误后，即用斜撑钉牢、固定。对于同在一条轴线上的柱，应先校正两端的柱模板，再从柱模板上口中心线拉一钢丝，来校正中间的柱模板。在柱模板之间，要用水平撑和剪刀撑相互拉结。

（3）梁模板

梁的特点是跨度大而宽度不大，梁底一般是架空的。梁模板主要由底模、侧模、夹木及支架系统组成。底模用长条模板加拼条拼成，或用整块板条。当有主次梁模板时，要待主梁模板安装并校正后，才能进行次梁模板安装。在梁模板安装后，再拉中线检查、复核各梁模板中心线位置是否正确。

（4）楼板模板

楼板的特点是面积大而厚度比较薄，侧向压力小。楼板模板及其支架系统，主要承受钢筋、混凝土的自重及其施工荷载，应保证模板不变形。

2.组合钢模板

组合钢模板是一种工具式模板，由一定模数、若干类型的板块，通过连接件和支承件组合成多种尺寸、结构和几何形状的模板，以适应各种类型建筑物的梁、柱、板、墙、基础和设备等施工的需要，在施工时，可在现场直接组装，也可用其拼装成大模板、滑模、隧道模和台模等，可用起重机吊运安装。组合钢模板组装灵活，通用性强，拆装方便；每套钢模可重复使用 50～100 次；加工精度高，浇筑混凝土的质量好，成型后的混凝土尺寸准确，棱角整齐，表面光滑，可以节省装修用工。

（1）钢模板

钢模板包括平面模板、阳角模板、阴角模板和连接角模。钢模板采用模数制设计，宽度模数以 50 mm 进级，长度为 150 mm 进级，可适应横竖拼装成以 50 mm 进级的任何尺寸的模板。平面模板用于基础、墙体、梁、板、柱等各种结构的平面部位，它由面板和肋组成，面板厚为 2.3 mm 或 2.5 mm，肋上设有 U 形卡孔和插销孔，利用 U 形卡和 L 形插销等拼装成大块板。阳角模板主要用于混凝土构件阳角。阴角模板用于混凝土构件阴角，如内墙角、水池内角及梁板交接处阴角等。连接角模用于平模作垂直连接，构成阳角。

（2）连接配件

定型组合钢模板连接配件包括 U 形卡、L 形插销、钩头螺栓、对拉螺栓、紧固螺栓、扣件等。U 形卡是模板的主要连接件，用于相邻模板的拼装。其安装间距一般不大于 300 mm，即每隔一孔卡插一个，安装方向一顺一倒相互错开；L 形插销用于插入两块模板纵向连接处的插销孔内，以增强模板纵向接头处的刚度；钩头螺栓用于模板与支撑系统的连接；对拉螺栓又称穿墙螺栓，用于连接墙壁两侧模板，保持墙壁厚度，承受混凝土侧压力及水平荷载，使模板不致变形；紧固螺栓用于内、外钢楞之间的连接；扣件用于钢楞之间或钢楞与模板之间的扣紧，按钢楞的不同形状，分别采用蝶形扣件和"3"形扣件。

（3）支撑件

定型组合钢模板的支撑件包括钢楞、柱箍、梁卡具、圈梁卡、斜撑和钢管脚手支架等。

①钢楞又称龙骨，主要用于支撑钢模板并加强其整体刚度。钢楞的材料有圆钢管、矩形钢管、内卷边槽钢、轻型槽钢和轧制槽钢等，可根据设计要求和供应条件选用。

②柱箍又称柱卡箍、定位夹箍，是用于直接支撑和夹紧各类柱模的支撑件，可根据柱模的外形尺寸和侧压力的大小选用。

③梁卡具也称梁托架，是一种将大梁、过梁等钢模板夹紧固定的装置，并承受混凝土侧压力，其种类较多。

④圈梁卡用于圈梁、过梁、地基梁等方（矩）形梁侧模的夹紧、固定，目前，各地对其使用的形式多样。

⑤斜撑。由组合钢模板拼成整片墙模或柱模，在吊装就位后，下端垫平，紧靠定位基准线，模板应用斜撑调整和固定其垂直位置。

⑥钢管脚手支架主要用于层高较大的梁、板等水平构件模板的垂直支撑。目前，常用的有扣件式钢管脚手架和碗扣式钢管脚手架，也有采用门式支架的。

3.其他新型模板

（1）大模板

大模板是指单块模板高度相当于楼层的层高、宽度，约等于房间宽度或进深的大块定型模板，在高层建筑施工中用于混凝土墙体侧模板。大模板建筑整体性好、抗震性强、机械化施工程度高，可以简化模板的安装和拆除工序，劳动强度低。但也存在通用性差、一次投资多、耗钢量大等缺点。

（2）滑升模板

在建筑物或构筑物底部，沿其墙、柱、梁等构件的周边一次性组装高 1.2 m 左右的滑动模板，在向模板内不断分层浇筑混凝土并不断向上绑扎钢筋的同时，用液压提升设备，使模板不断向上滑动，使混凝土连续成型，直至达到需要浇筑的高度为止。滑升模板适用于现场浇筑高耸圆形、矩形、筒壁结构，如筒仓、电视塔、竖井等。滑升模板可以节省大量模板和支撑材料，加快施工进度，降低工程费用，但滑升模板设备一次性投资较多，耗钢量较大，对建筑立面造型和构件断面变化有一定的限制。

（3）爬升模板

爬升模板即爬模，也称跳模，是用于现浇混凝土竖直或倾斜结构施工的工具式模板，可分为有架爬模（即模板爬山架子、架子爬模板）和无架爬模。

（4）隧道模板

隧道模板是用于同时整体浇筑墙体和楼板的大型工具式模板，因它的外形像隧道，故称隧道模板。其能将各开间沿水平方向逐间、逐段整体浇筑，施工建筑物整体性好、抗震性能好，一次性投资大，模板起吊和转运需较大起重机。隧道模板分为全隧道模板和半隧道模板。全隧道模板自重大，在推移时需铺设轨道；半隧道模板由两个半隧道模板对拼而成，两个半隧道模板的宽度可以不同，中间增加一块不同尺寸的插板，即可满足不同开间所需要的宽度。

（5）台模

台模是用于浇筑平板或带边梁楼板的大型工具式模板，其由一块等于房间开间面积的大模板和其下的支架及调整装置组成，因其外形像桌子，故称台模或桌模。台模按照支承形式进行分类，可分为支腿式和无支腿式两类。支腿式有伸缩式和折叠式之分；无支腿式悬架于墙或柱顶，也称悬架式。支腿式台模由面板（胶合板或定型组合钢模板）、支撑框架等组成。支撑框架的支腿底部一般配有轮子。在浇筑后，待混凝土达到规定强度，落下台面，将台模推出墙面放在临时挑台上，再用起重机吊运至上层或其他施工段，也可以不用挑台，推出墙面后直接吊运。利用台模施工，可以省去模板的装拆时间，能降低劳动消耗，加快施工速度，但一次性投资较大。

（二）钢筋

1.钢筋验收

在钢筋进场时，应当按照现行国家标准《钢筋混凝土用钢 第 1 部分：热轧光圆钢筋》（GB/T 1499.1—2017）和《钢筋混凝土用钢 第 2 部分：热轧带肋钢筋》（GB/T 1499.2—2018）规定，抽取试件，做力学性能和重量偏差检验，检验结果必须符合有关标准的规定。

检查数量：按照进场的批次和产品的抽样检验方案确定。

检验方法：检查产品合格证、出厂检验报告和进场复验报告。

钢筋应当具有出厂质量证明书或试验报告单，每捆（盘）钢筋均应当有标牌。将其运至工地后，应按照炉罐（批）号及直径分别堆放，分批验收。验收内容包括标牌、外观检查，并按照有关标准规定的试样，做力学性能试验，合格后方可使用。

钢筋的外观检查要求：钢筋应当平直、无损伤，表面不得有裂纹、油污、颗粒状或片状锈蚀，钢筋表面凸块不允许超过螺纹的高度，钢筋的外形尺寸应符合有关规定。

热轧钢筋的力学性能检验要求：同规格、同炉罐（批）号的不超过 60 t 钢筋为一批，在每批钢筋中任选两根，每根取两个试样，分别进行拉伸试验（测屈服点、抗拉强度和伸长率三项）和冷弯试验。如有一项试验结果不符合规定，则从同一批中另取双倍数量试样，重做各项试验。如仍有一个试样不合格，则该批钢筋为不合格，应当降级使用。

对有抗震要求的框架结构纵向受力钢筋进行检验时，所得的实测值应当符合下列要求：

（1）钢筋的抗拉强度实测值与屈服强度实测值的比值应不小于 1.25。

（2）钢筋的屈服强度实测值与钢筋强度标准值的比值，当按照一级抗震设计时，应不大于 1.25；当按照二级抗震设计时，应不大于 1.4。

将钢筋运至现场后，必须严格按批分等级、牌号、直径、长度等挂牌存放，并注明数量，不得混淆。应当堆放整齐，避免锈蚀和污染，堆放钢筋的下面要加垫木，离地一定距离。有条件时，尽量堆入仓库或料棚内。

2.钢筋加工

（1）钢筋调直

直径在 10 mm 以下的光圆钢筋通常以盘卷供货，对于盘卷供货的钢筋，需要在加工之前进行调直。钢筋调直的方法有手工调直与机械调直两种。

（2）钢筋除锈

为保证钢筋与混凝土之间的黏结力，《混凝土结构工程施工质量验收规范》（GB 50204—2015）规定，钢筋表面不得有锈片状老锈，针对产生锈蚀的钢筋应除锈。在加工钢筋之前，对钢筋的表面进行检查，根据实际状况，确定合适的处理方法。经过除锈处理的钢筋表面，不应有颗粒状或片状的老锈。在除锈过程中，如果发现钢筋表面的氧化皮脱落严重，并且已经损伤钢筋截面的，应该降级使用或剔除不用。如果除锈后，钢筋表面仍有严重麻坑、斑点腐蚀界面时，也应降级使用或剔除不用。

（3）钢筋剪切

切断钢筋时，采用的机具设备有钢筋切断机和手动液压切断器。其切断工艺如下：

①将同规格钢筋根据不同长度长短搭配，统筹排料；一般应先断长料，后断短料，减少短头，减少损耗。

②在断料时，应避免用短尺量长料，防止在量料中产生累计误差。

③钢筋切断机的刀片应由工具钢热处理制成。

④在切断钢筋的过程中，若钢筋有劈裂、缩头或严重的弯头等，必须切除；若钢筋的硬度与该钢筋标识的硬度有较大出入时，应及时向有关人员反映，查明情况。

⑤对于钢筋的断口，不得有马蹄形或起弯等现象。

（4）钢筋弯曲

受力钢筋的弯折和弯钩，应符合下列规定：

①对于HPB300级的钢筋，应在末端做180°弯钩，弯弧内直径不应小于钢筋直径的2.5倍，弯钩的弯后平直部分长度不应小于钢筋直径的3倍。

②当设计要求钢筋末端做135°弯钩时，HRB335级、HRB400级钢筋的弯弧内直径不应小于钢筋直径的4倍，弯钩后的平直长度应符合设计要求。

③当对钢筋做不大于90°弯折时，弯折处的弯弧内直径不应小于钢筋直径的5倍。

除焊接封闭箍筋外，箍筋、拉筋末端应按设计要求做弯钩。当设计无具体要求时，应符合下列规定：

①箍筋弯钩的弯弧内直径除应满足受力钢筋的弯折和弯钩的规定外，还不应小于受力钢筋直径。

②箍筋弯钩的弯折角度：一般结构不宜小于90°，有抗震等要求的结构弯钩应为135°。

③弯钩后平直部分长度：一般结构不应小于箍筋直径的5倍，有抗震等要求的结构

不应小于箍筋直径的 10 倍。

3.钢筋连接

钢筋的连接方法有焊接连接、绑扎搭接连接和机械连接。在进行钢筋连接时，应注意以下问题：

（1）钢筋接头宜设置在受力较小处，对于一根钢筋，不宜设置 2 个以上接头，对于同一构件中的纵向受力钢筋接头，宜相互错开。

（2）对于直径大于 12 mm 的钢筋，应优先采用焊接接头或机械连接接头。

（3）对于轴心受拉和小偏心受拉构件的纵向受力钢筋、直径大于 28 mm 的受拉钢筋、直径大于 32 mm 的受压钢筋，不得采用绑扎搭接接头。

（4）对于直接承受动力荷载的构件、纵向受力钢筋，不得采用绑扎搭接接头。

（三）混凝土

混凝土工程分为现浇混凝土工程和预制混凝土工程两类，是钢筋混凝土结构工程的重要组成部分。混凝土工程包括配料、搅拌、运输、浇筑、振捣和养护等工序。在混凝土工程施工中，各工序之间紧密联系，相互影响，任一工序施工不当，都会影响混凝土工程的最终质量。混凝土施工不仅要保证构件有设计要求的外形，而且要获得混凝土结构的强度、刚度、密实性和整体性。

1.混凝土配料

混凝土是以胶凝材料、粗骨料、细骨料和水组成，在需要时掺外加剂和矿物掺合料，按设计配合比配料，经均匀拌制、密实成型、养护硬化而成的人造石材。混凝土组成材料的质量及其配合比，是保证混凝土质量的前提。因此，在施工中，对混凝土施工配合比应严格控制。

混凝土的施工配合比，应保证满足结构设计对混凝土强度等级及施工对混凝土和易性的要求，并应符合合理使用材料、节约水泥的原则。同时，还应符合抗冻性、抗渗性和耐久性要求。

2.混凝土搅拌

（1）加料顺序

确定混凝土各原材料的投料顺序，应当考虑保证混凝土的搅拌质量，减少机械磨损和水泥飞扬，常采用一次投料法和二次投料法。

①一次投料法：将砂、石、水泥和水一起加入搅拌筒内进行搅拌。在搅拌混凝土之前，先在料斗中装入石子，再装水泥及砂。水泥位于砂、石之间，在上料时，要减少水泥飞扬。当料斗将砂、石、水泥倾入搅拌机时，同时加水。该法工序简单，常被采用。

②二次投料法：二次投料法分为预拌水泥砂浆法和预拌水泥净浆法。预拌水泥砂浆法是先将水泥、砂和水加入搅拌筒内进行充分搅拌，使之成为均匀的水泥砂浆之后，再加入石子，搅拌成均匀的混凝土。预拌水泥净浆法是先将水泥和水充分搅拌成均匀的水泥净浆之后，再加入砂和石，搅拌成混凝土。

（2）搅拌时间

搅拌时间是指从全部材料投入搅拌筒中起，至开始卸料为止所经历的时间，其与搅拌质量密切相关。如果搅拌时间过短，混凝土搅拌不均匀，会影响混凝土的强度及和易性；如果搅拌时间过长，混凝土均质并不能显著增加，反而使混凝土的和易性降低，同时影响混凝土搅拌机的生产率。加气混凝土也会因搅拌时间过长而使其含气。

（3）一次投料量

施工配合比换算以每立方米混凝土为计算单位，在搅拌时，要根据搅拌机的出料容量（即一盘可搅拌出的混凝土量），确定一次投料量。

3.混凝土运输

混凝土在运输过程中，应满足下列要求：

（1）在运输过程中，应保持混凝土的均质性，不发生离析现象。

（2）在混凝土运至浇筑点开始浇筑时，应满足设计配合比所规定的坍落度。

（3）应保证在混凝土初凝之前，能有充分的时间进行浇筑和振捣。

4.混凝土浇筑

在混凝土浇筑前，应对模板、钢筋、支架和预埋件进行检查；检查模板的位置、标高、尺寸、强度和刚度是否符合要求，接缝是否严密，预埋件位置和数量是否符合图样要求；检查钢筋的规格、数量、位置、接头和保护层厚度是否正确；清理模板上的垃圾和钢筋上的油污，浇水湿润木模板；填写隐蔽工程记录。

5.混凝土养护

浇捣后的混凝土凝结硬化，主要是水泥水化的结果，而水化作用需要适当的温度和湿度，如气候炎热、空气干燥，令混凝土中水分蒸发过快，出现混凝土脱水现象，使已形成凝胶体的水泥颗粒不能充分水化，不能转化为稳定的结晶，缺乏足够的黏结力，影响混凝土强度。混凝土养护就是创造一个具有适宜的温变和湿度环境，使混凝土凝结硬化，逐渐达到设计要求的强度。

三、预应力混凝土施工

预应力混凝土是在构件承受外荷载前，预先在构件的受拉区对混凝土施加预压力，这种压力通常称为预应力。构件在使用阶段的外荷载作用下产生的拉应力，先要抵消预压应力，这就推迟了混凝土裂缝的出现，同时也限制了裂缝的开展，从而提高了构件的抗裂度和刚度。对混凝土构件受拉区施加预压应力的方法，是张拉受拉区中的预应力筋，通过预应力筋和混凝土间的黏结力或锚具，将预应力钢筋的弹性收缩力传递到混凝土构件中，并产生预压应力。

（一）预应力筋的种类

预应力筋主要有冷拉钢筋、高强钢丝、钢绞线、热处理钢筋等。

1.冷拉钢筋

冷拉钢筋是将 HRB335 级、HRB400 级、RRB400 级热轧钢筋在常温下通过张拉到超过屈服点的某一应力，使其产生一定的塑性变形后卸荷，再经时效处理而成。冷拉钢筋的塑性和弹性模量有所降低而屈服强度和硬度有所提高，可直接用作预应力筋。

2.高强钢丝

高强钢丝是用优质碳素钢热轧盘条经冷拔制成的，可用机械方式，对钢丝进行压痕处理，形成刻痕钢丝，对钢丝进行低温（一般低于 500 ℃）矫直回火处理后，便成为矫直回火钢丝。通常来讲，高强钢丝分为冷拉和矫直回火两种，按外形可分为光面、刻痕和螺旋肋三种。预应力钢丝经矫直回火后，可消除钢丝冷拔过程中产生的残余应力，这种钢丝通常被称为消除应力钢丝。

消除应力钢丝的松弛损失虽比消除应力前低一些，但仍然较高，经"稳定化"处理后，钢丝的松弛值仅为普通钢丝的 0.25～0.33，这种钢丝被称为低松弛钢丝，目前已在国内外广泛应用。常用的高强钢丝的直径有 4.0 mm、5.0 mm、6.0 mm、7.0 mm、8.0 mm和 9.0 mm 等。

3.钢绞线

钢绞线一般是由几根碳素钢丝围绕一根中心钢丝在绞丝机上绞成螺旋状，再经低温回火制成。钢绞线的直径较大，一般为 9～15 mm，较柔软，施工方便，但价格较贵，钢绞线的强度较高。钢绞线规格有 2 股、3 股、7 股和 19 股等。7 股钢绞线由于面积较大、柔软、施工定位方便，适用于先张法和后张法预应力结构与构件。

4.热处理钢筋

热处理钢筋是由普通热轧中碳合金钢经淬火和回火热处理制成的，具有高强度、高韧性和高黏结力等优点，直径为 6～10 mm。成品钢筋为直径 2 m 的弹性盘卷，每盘长度为 100～120 m。热处理钢筋的螺纹外形有带纵肋和无纵肋两种。

（二）对混凝土的要求

预应力混凝土结构对混凝土的要求如下：

1.高强度

预应力混凝土结构的混凝土强度等级不应低于 C30，不宜低于 C40。

2.收缩、徐变小

采用高强度混凝土，可减少由于混凝土收缩、徐变而引起的预应力损失。

3.快硬、早强

快硬、早强有利于及早地施加预应力，加快施工进度，提高设备、模板等利用率，从而降低造价。

（三）预应力的施加方法

对构件施加预应力的方法有很多，一般采用张拉钢筋的方法。根据张拉钢筋与浇筑混凝土的先后顺序不同，施加预应力的方法可分为先张法和后张法。

1.先张法

先张法是指在浇筑混凝土前张拉钢筋的方法。先在台座或钢模上张拉钢筋至设计规定的拉力，用夹具临时固定钢筋，然后浇筑混凝土。当混凝土达到设计强度的 75 % 及以上时，切断钢筋。被切断的钢筋将产生弹性回缩，使混凝土受到预压压力。

2.后张法

后张法是指混凝土结硬后在构件上张拉钢筋的方法。先预留孔道并浇筑混凝土，当混凝土强度达到设计强度的 75 % 及以上后，在孔道中穿预应力筋，并张拉钢筋至设计拉力。这样，在张拉钢筋的同时，混凝土受到预压。

第六节 装饰装修施工技术

一、抹灰

抹灰用的水泥宜为硅酸盐水泥和普通硅酸盐水泥，其强度等级不应小于 32.5。对于不同品种、不同强度等级的水泥，不得混合使用。抹灰用的砂子宜选用中砂，在砂子使用前，应过筛，不得含有杂物。抹灰用的石灰膏的熟化期不应少于 15 d，罩面用的磨细石灰粉的熟化期不应少于 3 d。

对于不同材料基体交接处表面的抹灰，应采取防止开裂的加强措施。室内墙面、柱面和门洞口的阳角做法，应符合设计要求，当设计对其无要求时，应采用 1∶2 水泥砂浆做暗护角，其高度不应低于 2 m，每侧宽度不应小于 50 mm。水泥的砂浆抹灰层应在抹灰 24 h 后进行养护。

基层处理，应符合下列规定：

对于砖砌体，应清除表面杂物、尘土，抹灰前应洒水湿润；对于混凝土，表面应凿毛或在表面洒水润湿后涂刷 1∶1 水泥砂浆（加适量胶黏剂）；对于加气混凝土，应在湿润后，边刷界面剂边抹强度等级不小于 M5 的水泥混合砂浆。

在大面积抹灰前，应设置标筋。抹灰应分层进行，每遍厚度宜为 5~7 mm。抹石灰砂浆和水泥混合砂浆每遍厚度宜为 7~9 mm。当抹灰总厚度超出 35 mm 时，应采取加强措施。

当用水泥砂浆和水泥混合砂浆抹灰时，应待前一抹灰层凝结后，方可抹后一层；当用石灰砂浆抹灰时，应待前一抹灰层七八成干后，方可抹后一层。

二、吊顶

对于后置埋件、金属吊杆、龙骨等，应进行防腐处理。对于木吊杆、木龙骨、造型木板和木饰面板，应进行防腐、防火、防蛀处理。对于重型灯具、电扇及其他重型设备，严禁安装在吊顶龙骨上。

（一）龙骨安装

对于龙骨的安装，应符合下列规定：

①应根据吊顶的设计标高，在四周墙上弹线。弹线应清晰、位置应准确。在主龙骨安装后，应及时校正其位置标高。

②对于龙骨吊点间距、起拱高度，应符合设计要求。当设计无要求时，吊点间距应小于 1.2 m，应按房间短向跨度 1 %～3 %起拱。

③吊杆应通直，距主龙骨端部不得超过 300 mm。当吊杆与设备相遇时，应调整吊点构造或增设吊杆。

④次龙骨应紧贴主龙骨安装。固定板材的次龙骨间距不得大于 600 mm（在潮湿环境，间距宜为 300～400 mm）。当用沉头自攻钉安装饰面板时，接缝处次龙骨的宽度不得小于 40 mm。

⑤对于暗龙骨系列的横撑龙骨，应用连接件将其两端连接在通长次龙骨上；对于明龙骨系列的横撑龙骨，其与通长龙骨搭接处的间隙不得大于 1 mm。

（二）纸面石膏板和纤维水泥加压板安装

对于纸面石膏板和纤维水泥加压板的安装，应符合下列规定：

①板材应在自由状态下进行安装，固定板材时，应从板的中间向板的四周固定。

②纸面石膏板螺钉与板边距离：纸包边宜为 10～15 mm，切割边宜为 15～20 mm。水泥加压板螺钉与板边距离宜为 8～15 mm。

③板周边钉距宜为 150～170 mm，板中钉距不得大于 200 mm。

④当安装双层石膏板时，上下层板的接缝应错开，不得在同一根龙骨上接缝。

⑤螺钉头宜略埋入板面，并不得使纸面破损。钉眼应做防锈处理，并用腻子抹平。

⑥石膏板接缝应按设计要求进行板缝处理。

（三）石膏板和铝塑板安装

对于石膏板、铝塑板的安装，应符合下列规定：

①当采用钉固法安装时，螺钉与板边距离不得小于 15 mm，螺钉间距宜为 150～170 mm，均匀布置，并应与板面垂直，钉帽应进行防锈处理，并应用与板面颜色相同涂料涂饰或用石膏腻子抹平。

②当采用黏接法安装时，胶黏剂应涂抹均匀，不得漏涂。

三、轻质隔墙

（一）轻钢龙骨安装

对于轻钢龙骨的安装，应符合下列规定：

①应按弹线位置固定沿地龙骨、沿顶龙骨及边框龙骨，龙骨的边线应与弹线重合。龙骨的端部应安装牢固，龙骨与基体的固定点间距应不大于 1 m。

②将龙骨竖向安装时，一定要保持绝对垂直，龙骨间距应符合设计要求。当遇到潮湿房间和钢板网抹灰墙时，龙骨间距不宜大于 400 mm。

③在安装支撑龙骨时，应先将支撑卡安装在竖向龙骨的开口方向，卡距宜为 400～600 mm，距龙骨两端宜为 20～25 mm。

④在安装贯通系列龙骨时，低于 3 m 的隔墙安装一道，3～5 m 隔墙安装两道。

⑤当饰面板横向接缝处不在沿地龙骨、沿顶龙骨上时，应加横撑龙骨固定。

（二）木龙骨安装

对于木龙骨的安装，应符合下列规定：

①木龙骨的横截面积及纵、横向间距应符合设计要求。

②骨架横、竖龙骨宜采用开半榫、加胶、加钉连接。

③在安装饰面板前，应对龙骨进行防火处理。

（三）纸面石膏板安装

对于纸面石膏板的安装，应符合以下规定：

①石膏板宜竖向铺设，长边接缝应安装在竖龙骨上。

②龙骨两侧的石膏板与龙骨一侧双层板的接缝应错开，不得在同一根龙骨上接缝。

③对于轻钢龙骨，应用自攻螺钉固定；对于木龙骨，应用木螺钉固定。

④在安装石膏板时，应从板的中部向板的四边固定。钉头略埋入板内，但不得损坏纸面，钉眼应进行防锈处理。

⑤对于石膏板的接缝，应按设计要求进行板缝处理。石膏板与周围墙或柱间应留有 3 mm 的槽口，以便进行防开裂处理。

（四）胶合板安装

对于胶合板的安装，应符合下列规定：

①在胶合板安装前，应对板背面进行防火处理。

②对于轻钢龙骨，应采用自攻螺钉固定。对于木龙骨，在采用圆钉固定时，钉距宜为 80～150 mm，钉帽应砸扁；在采用钉枪固定时，钉距宜为 80～100 mm。

③在阳角处，宜做护角。

④胶合板用木压条固定时，固定点间距不应大于 200 mm。

（五）玻璃砖墙安装

对于玻璃砖墙的安装，应符合下列规定：

①玻璃砖墙宜以 1.5 m 高为一个施工段，待下部施工段胶凝材料达到设计强度后，再进行上部施工。

②当玻璃砖墙面积过大时，应增加支撑。玻璃砖墙的骨架应与结构连接牢固。

③玻璃砖应排列均匀整齐，表面平整，嵌缝的油灰或密封膏应饱满密实。

四、墙面铺装

湿作业施工现场的环境温度宜在 5 ℃以上；在裱糊时，空气相对湿度不得大于 85 %，应防止湿度与温度发生剧烈变化。

（一）墙面砖铺贴

对于墙面砖的铺贴，应符合下列规定：

①在墙面砖铺贴前，应进行墙面砖挑选，并应将墙面砖浸水 2 h 以上，再晾干表面水分。

②在铺贴前，应进行放线定位和排砖，非整砖应排放在次要部位或阴角处。每面墙不宜有两列非整砖，非整砖宽度不宜小于整砖的 1/3。

③在铺贴前，应确定水平及竖向标志，垫好底尺，挂线铺贴。墙面砖表面应平整、接缝应平直、缝宽应均匀一致。阴角砖应压向正确，阳角线宜做成 45°角对接，在墙面突出物处，应整砖套割吻合，不得用非整砖拼凑铺贴。

④结合层砂浆宜采用 1∶2 水泥砂浆，砂浆厚度宜为 6～10 mm。水泥砂浆应满铺在墙砖背面，一面墙不宜一次铺贴到顶，以防塌落。

（二）墙面石材铺装

对于墙面石材的铺装，应符合下列规定：

①在墙面砖铺贴前，应进行挑选，并应按设计要求进行预拼。

②对于强度较低或较薄的石材，应在其背面粘贴玻璃纤维网布。

③当采用湿作业法施工时，固定石材的钢筋网应与预埋件连接牢固。每块石材与钢筋网拉接点不得少于 4 个。拉接用的金属丝应具有防锈性能。在灌注砂浆前，应将石材背面及基层湿润，并应用填缝材料临时封闭石材板缝，避免漏浆。灌注砂浆宜用 1∶2.5 水泥砂浆，在灌注时，应分层进行，每层灌注高度宜为 150～200 mm，且不超过板高的 1/3，插捣应密实。待其初凝后，方可灌注上层水泥砂浆。

④当采用粘贴法施工时，基层处理应平整但不应压光。胶黏剂的配合比应符合产品说明书的要求。应将胶液均匀、饱满地刷抹在基层和石材背面，石材就位时应准确，并应立即挤紧、找平、找正，进行顶、卡固定。对于溢出的胶液，应随时清除。

（三）木装饰装修墙制作安装

对于木装饰装修墙的制作安装，应符合下列规定：

①打孔安装木砖或木楔，深度应不小于 40 mm，应对木砖或木楔做防腐处理。

②龙骨间距应符合设计要求。当设计无要求时，横向间距宜为 300 mm，竖向间距宜为 400 mm。龙骨与木砖或木楔连接应牢固。

五、涂饰

对混凝土或抹灰基层涂刷溶剂型涂料时，含水率不得大于 8 %；当涂刷水性涂料时，含水率不得大于 10 %；木质基层含水率不得大于 12 %。施工现场的环境温度宜在 5～35 ℃，并应注意通风换气和防尘。涂饰施工的方法主要有以下几种：

（一）滚涂法

将蘸取漆液的毛辊先按 W 形将涂料大致涂在基层上，然后用不蘸取漆液的毛辊紧贴基层上下、左右来回滚动，使漆液在基层上均匀展开，最后用蘸取漆液的毛辊按一定方向满滚一遍。对于阴角及上、下口，宜采用排笔刷涂找齐。

（二）喷涂法

喷枪的压力宜控制在 0.4～0.8 MPa。在喷涂时，喷枪与墙面应保持垂直，距离宜在 500 mm 左右，匀速平行移动。两行重叠宽度宜控制在喷涂宽度的 1/3。

（三）刷涂法

在刷涂时，宜按先左后右、先上后下、先难后易、先边后面的顺序进行。对木质基层涂刷调和漆时，先满刷一遍清油，待清油干后用油腻子将钉孔、裂缝、残缺处嵌刮平整，待其干后打磨光滑，再刷中层和面层油漆。对泛碱、析盐的基层，应先用 3 %的草酸溶液清洗，然后用清水冲刷干净或在基层上满刷一遍耐碱底漆，待其干后刮腻子，再涂刷面层涂料。浮雕涂饰的中层涂料应颗粒均匀，用专用塑料辊蘸煤油或水均匀滚压，待完全干燥固化后，才可进行面层涂饰。当面层为水性涂料时，应采用喷涂方法；当面层为溶剂型涂料时，应采用刷涂方法。

六、地面

（一）石材、地面砖铺贴

对于石材、地面砖的铺贴，应符合下列规定：

①在石材、地面砖铺贴前，应浸水湿润。在天然石材铺贴前，应进行对色、拼花并试拼、编号。

②结合层砂浆宜采用体积比为 1∶3 的干硬性水泥砂浆，厚度宜高出实铺厚度 2～3 mm。在铺贴前，应在水泥砂浆上刷一道水灰比为 1∶2 的素水泥浆或干铺水泥 1～2 mm 后洒水。

③在铺贴后，应及时清理表面，24 h 后应用 1∶1 水泥浆灌缝，选择与地面颜色一致的颜料与白水泥拌和均匀后嵌缝。

（二）竹、实木地板铺装

对于竹、实木地板的铺装，应符合下列规定：

①基层平整度误差不得大于 5 mm。

②在铺装前，应对基层进行防潮处理，防潮层宜涂刷防水涂料或铺设塑料薄膜。

③在铺装前，应对地板进行选配，宜将纹理、颜色接近的地板集中在一个房间或一个部位。

④木龙骨应与基层连接牢固，固定点间距不得大于 600 mm。

⑤毛地板应与龙骨成 30°或 45°铺钉，板缝应为 2～3 mm，相邻板的接缝应错开。

⑥在龙骨上直接铺装地板时，主次龙骨的间距应根据地板的长宽模数计算确定，地板接缝应在龙骨的中线上。

⑦毛地板、地板与墙之间应留有 8～10 mm 的缝隙。

（三）强化复合地板铺装

对于强化复合地板的铺装，应符合下列规定：

①防潮垫层应满铺平整，接缝处不得叠压。

②在安装第一排时，应将凹槽面靠墙。地板与墙之间应留有 8～10 mm 的缝隙。

③当房间长度或宽度超过 8 m 时，应在适当位置设置伸缩缝。

（四）地毯铺装

对于地毯的铺装，应符合下列规定：

①地毯对花拼接应按毯面绒毛和织纹走向的同一方向进行。

②当使用张紧器伸展地毯时，用力方向应呈"V"字形，应由地毯中心向四周展开。

③当使用倒刺板固定地毯时，应沿房间四周将倒刺板与基层固定牢固。

④地毯的铺装方向应是毯面绒毛走向的背光方向。

⑤当满铺地毯时，应用扁铲将毯边塞入卡条与墙壁的间隙中或塞入踢脚下面。

⑥在裁剪楼梯地毯时，应留有一定的长度余量，以便在使用中可挪动常磨损的位置。

七、幕墙

建筑幕墙是建筑物主体结构外围的围护结构，具有防风、防雨、隔热、保温、防火、抗震和避雷等多种功能，具有新颖耐久、美观时尚、装饰感强、施工快捷、便于维修等特点，是一种广泛运用于现代建筑的结构构件。按使用的材料进行划分，可将建筑幕墙分为玻璃幕墙、石材幕墙、金属幕墙、混凝土幕墙和组合幕墙。以下重点介绍玻璃幕墙与石材幕墙的施工：

（一）玻璃幕墙施工

玻璃幕墙的施工工序较多，施工技术和安装精度要求比较高，凡从事玻璃安装施工的企业，必须取得相应的专业资格后，方可承接业务。

1.有框玻璃幕墙施工

有框玻璃幕墙主要由幕墙立柱、横梁、玻璃、主体结构、预埋件、连接件及连接螺栓、垫杆和开启扇等组成。对于竖直玻璃幕墙，立柱应悬挂连接在主体结构上，并使其处于受拉状态。有框玻璃幕墙施工流程为：

测量、放线→调整和后置预埋件→确认主体结构轴线和各面中心线→以中心线为基准向两侧排基准竖线→按图样要求安装钢连接件和立柱、校正误差→钢连接件满焊固定、表面防腐处理→安装框架→上下边密封、修整→安装玻璃组件→安装开启扇→填充泡沫塑料棒→注胶→清洁、整理→检查、验收。

2.全玻璃幕墙施工

由玻璃板和玻璃肋制作的玻璃幕墙，称为全玻璃幕墙，较厚的玻璃隔声效果较好、通透性强，当将其用于外墙装饰时，可产生室内外环境浑然一体的效果，被广泛用于各种底层公共空间的外装饰。全玻璃幕墙按照构造方式进行划分，可分为吊挂式和坐落式两种。

以吊挂式全玻璃幕墙为例，其施工流程为：

定位放线→上部钢架安装→下部和侧面嵌槽安装→玻璃肋、玻璃板安装→镶嵌固定及注入密封胶→表面清洗和验收。

3.点支撑玻璃幕墙施工

点支撑玻璃幕墙是指在幕墙玻璃的四角打孔，用幕墙专用钢爪，将玻璃连接起来，并将荷载传给相应构件，最后传给主体结构的一种幕墙。

拉索式点式玻璃幕墙施工需要施加预应力，其施工流程如下：

测设轴线及标高→支撑结构的安装→索桁架的安装→索桁架张拉→玻璃幕墙的安装→安装质量控制→幕墙的竣工验收。

（二）石材幕墙施工

石材幕墙的构造一般采用框支承结构。石材面板的连接方式可分为钢销式、槽式和背栓式等。

1.钢销式连接

钢销式连接需要在石材的上下两边或四周开设销孔，石材通过钢销和连接板与幕墙骨架连接。该方法拓孔方便，但受力不合理，容易出现应力集中导致石材局部破坏的情况，使用受到限制。

2.槽式连接

槽式连接需要在石材的上下两边或四周开设槽口，与钢销式连接相比，它的适应性更强。根据槽口的大小，槽式连接可以分为短槽式连接和通槽式连接两种。短槽式连接的槽口较小，通过连接片与幕墙骨架连接，它对施工安装的要求较高。通槽式槽口为两边或四周通长，通过通长铝合金型材与幕墙骨架连接，主要用于单元式幕墙中。

3.背栓式连接

背栓式连接与钢销式、槽式连接不同，它将连接石材面板的部位放在面板背部，提高了面板的受力。通常，先在石材背面钻孔，插入不锈钢背栓，并使之与石板紧密连接，然后，通过连接件与幕墙骨架连接。

第二章 BIM 技术

第一节 BIM 概述

一、BIM 的概念

BIM 的相关理念，早在 20 世纪 70 年代就由美国的查克·伊斯曼（Chuck Eastman）博士提出。

20 世纪 80 年代，伊斯曼博士提出了建筑描述系统（Building Description System，BDS），这一系统主要用于产品设计阶段的早期协调。

1977 年，伊斯曼博士启动的另一个项目——互动设计的图形语言（Graphical Language for Interactive Design，GLIDE），被用于改进 BDS。

随着计算机信息技术的发展，1989 年，一种更先进的系统——建筑产品模型（Building Product Model，BPM）系统问世，BPM 系统第一次以产品库的形式定义工程的信息，这对建筑信息模型的发展来说是一个质的飞跃。

1995 年，一种基于 BPM 概念的遗传构建模型（Genetic Building Model，GBM）系统问世，GBM 第一次提出了涵盖工程生命期的信息模型理念。

2000 年，基于 BPM 的 BIM 理念被提出。

2002 年，美国欧特克（Autodesk）公司第一次使用"BIM"。

2006 年，国际组织 buildingSMART 将 BIM 定义为用于管理和提升工程品质的一种新的方法体系，并采用开放式的工业基础类（Industry Foundation Classes，IFC）标准定义数据模型。

二、BIM 的主要特征

根据国内一些 BIM 学者的观点，BIM 具有完备性、关联性和一致性三个主要特征。

（一）完备性

BIM 的完备性是指其除了包含工程对象的 3D 几何信息和拓扑关系的描述外，还包含完整的工程信息描述。另外，BIM 可作为一个完备的单一工程数据集，不同用户可从这个数据集中获取所需的数据和工程信息。

（二）关联性

BIM 的关联性是指各个对象之间是可识别且相互关联的。此外，BIM 能够根据用户指定的方式进行显示，如在二维视图中生成各种施工图（平面图、剖面图、详图等），且 BIM 模型可以展示不同的三维视图，并生成三维效果图。

（三）一致性

BIM 的一致性主要体现在工程生命期的不同阶段模型信息是一致的，对于同一信息，只输入一次即可。因此，在设计过程中，工程信息无须新输入或多次输入，对中心对象可以简单地进行修改和扩展，以包含下一阶段的设计信息，并与当前阶段的设计要求保持细节一致。

三、BIM 参数化建模

传统 CAD 软件使用可见的、基于坐标的几何图形来创建图元，但编辑这些图元非常困难，极易出错。随着计算机技术的发展，出现了一种参数化建模技术，它使用参数（特性数值）来确定图元的行为，并定义模型组件之间的关系，这种模式逐渐被大众接受，而且一直处于行业领先地位。

遗憾的是，早期的参数化建模技术并没有应用到建筑设计领域。建筑设计领域通常依赖两种基本技术来传递变更：一是基于历史信息的技术，它可以回放每次做出设计变更时的设计步骤；二是基于变化的技术，利用一次变更，同时解决所有依附条件问题。

（一）面向对象参数化建模

面向对象参数化建模起源于 20 世纪 80 年代的制造行业，它并不采用固定的几何形状和属性去描述对象，而是通过定义几何、非几何属性和特征的一些参数及规则描述对象。由于参数和对象能够同时关联其他对象，因此参数化建模允许对象根据用户操作或更改的内容自动更新与之相关联对象的数据和信息。参数化技术可以对具有复杂几何形体的对象进行建模，在其他行业，许多企业会使用参数化建模技术，发展他们自己的对象表达方式，反映他们的共同企业理念和最佳实践。

一个对象类允许创建任意数量的对象实体，这些对象实体取决于目前参数和与之相关联的其他对象的关系，且具有形式上的不同。一个对象因内容的改变而随之自动更新的动作，称为行为。按照与其他对象的相互作用，结合既定的体系，对象类预先定义什么是墙、楼板或屋顶。软件公司应允许用户自定义参数化对象，既包括新定义的，又包括对现有对象类的扩展，并且要结合对象库自定义特征，建立一套自己的最佳实践。分析、成本估计和其他应用的交流都需要对象属性，这些属性必须由公司或用户事先定义。

建筑 BIM 设计让使用者可以混合使用 3D 建模与 2D 绘制剖面，允许用户自行决定 3D 细部等级，也能产生完整的 2D 图纸，然而通过 2D 绘制的对象却无法列在材料清单、分析或其他基于 BIM 的应用中。对于加工制造层次的 BIM 设计应用，每个对象都可以在 3D 模型中得到完整的表达，在不同的 BIM 应用实践中，3D 建模的等级是一个主要变数。

目前，BIM 设计应用包括执行特定服务的工具，但它们也提供一个平台用于管理一个模型中不同用途的数据，从而在 BIM 环境中可以管理不同模型中的数据。任何 BIM 应用都可以满足一个或多个这些类型的服务，但在工具层面会受到一些因素的影响而有所变化，在平台层面也会受到一些因素的影响而有所变化。

1.面向对象参数化建模技术的发展过程

当代的建模工具是几十年来计算机 3D 互动设计研究与开发的产物，最终演变为面向对象的参数化建模方式。要想深入了解、掌握 BIM 设计应用的现有功能，回顾其演化历史是有效的方法，下面便简述其演化历史。

1973 年，国外有三个研究团队分别开发了可以创建和编辑任意 3D 实体与封闭图形的设计工具，这就是大家所熟知的实体建模，由此产生了第一代实体 3D 建模设计工具。

起初，人们开发了两种类型的实体建模，并且在应用市场上互相竞争。计算机技术的发展使得人们可以创造出可变动尺寸的形状，包括参数化箱体、圆锥体、球体，以及类似的形状。此外，也提供了复杂扫描体——由剖面及围绕扫描轴线定义的拉伸体。

每个操作都要创建一个有具体尺寸且结构完整的边界表示（Boundary Representation，B-rep）形状，对这些形状进行编辑操作，可以使它们与另外一个形状产生关联，当然也可能重叠。在成对或多个多面体形状上，重叠的形状可以用空间的加法、相交和减法的操作来组合，这样的操作称为布尔运算。这些操作允许用户以互动模式建立相当复杂的形状，编辑操作必须输出结构完整的 B-rep 形状，也允许将运算串联在一起操作。形状的创建与编辑系统是由结合原始形状及布尔运算所提供的，而布尔运算产生出来的表面组合能保证由用户自定义的立体形状是封闭的。

另一种方法是构造实体几何（Constructive Solid Geometry，CSG），它用一组能定义原始多面体的函数来表示形状，类似 B-rep，这些函数是代数运算式所形成的组合，也使用布尔运算。然而，CSG 依赖不同方法去评估代数运算式定义的最终形状，如它可能在显示的时候被画出来，但并没有生成一组有界限的曲面。

CSG 和 B-rep 的主要区别是：CSG 储存代数运算式来定义一个形状，而 B-rep 则将定义的结果储存为一组操作和对象参数。两者的区别是很明显的，一方面，CSG 中的元素可以根据要求被任意编辑和重新生成，所有位置和形状参数可以通过 CSG 代数运算式中的形状参数编辑，这种使用文字串描述形状的方法是很简洁的；另一方面，B-rep 在直接交流、海量属性的计算、立体绘制、动画，以及检查空间冲突方面，是有优势的。

最初，CSG 和 B-rep 在使用性能上相互竞争，但应用者很快就发现如果将两种方法组合在一起，使用效果会更好，即允许在 CSG 树状结构（有时又称未评估形状）内进行编辑；使用 B-rep 显示和互动，以编辑形状，形状的组成结果可以被制作成更复杂的形状，B-rep 被称为评估的形状。目前，几乎所有的参数化建模工具和建筑模型都应用了两种表现方式，用类似 CSG 的方法来编辑，用 B-rep 来进行可视化、测量、冲突检测，以及其他非编辑工作。第一代工具支持 3D 小面和圆柱体对象建模，并支持关联属性，允许对象组成工程组件，这种合并的建模方式为现代参数化建模奠定了基础。

20 世纪 70 年代末到 80 年代初，首次产生了以 3D 实体建模为基础的建筑建模。在 CAD 系统中，如真正宇宙计算机辅助生产系统（Really Universal Computer-Aided Production System，RUCAPS）、TriCAD、Calma，以及卡内基梅隆大学和密歇根大学以研究为主的系统，开发出了建筑建模的基本功能。这项工作是由机械、航空航天、建筑和电器产品设计团队共同承担的，同时分享产品建模、集成分析与模拟的概念和技术。

实体建模的 CAD 系统功能强大，往往超出了当时计算机的运算能力，一些建筑生产项目，如图纸和报告生成等功能，都不完善。另外，对当时的多数设计师来说，用 3D 对象来做设计，在概念上是不同的，他们习惯于使用 2D 系统。实体建模系统也很昂贵，在当时来说，每套至少 3.5 万美元。在制造业和航空航天业，人们觉察到其巨大的潜在价值，包括集成分析能力、降低错误和走向工厂自动化，他们和 CAD 公司合作解决了该技术的早期缺点，并致力于开发新功能，但当时的建筑业未能认识到这些好处，相反地，建筑业采用建筑绘图编辑器，如 AutoCAD、MicroStation 等，强化当时的工作方法，并支持传统 2D 设计和施工文档的数字化生成。

从 CAD 进化到参数化建模的另一个阶段，就是多个形状可以分享参数。例如，墙的界限由相邻它的楼板、墙和天花板定义，对象连接方式部分决定了它们在任何层面上的形状。如果移动了此面墙，则那些相邻的对象也应该同时得到更新，也就是变动会依据它们的连接性来传递。在其他情况下，几何形状不是以相关对象的形状定义的，而是全域性的。网格就是一个例子，它长期被用来定义结构的平面框架，网格相交点提供尺寸参数，用于设置和确定形状的位置。移动其中一个格线，其相对于关联网格点所定义的形状必须被更新。

最初，楼梯或墙的创建功能被建立于对象生成函数中，如楼梯的参数即被定义在该函数中，包括楼梯位置、踏步级高、踏步级深、踏步宽度等参数，进而形成楼梯。这些类型的功能允许在 Architectural Desktop 中布置楼梯，或在 Autodesk 的 3D CAD 软件中发展组装操作，但这并不是完全的参数化建模。

在 3D 建模后来的发展中，定义形状的参数，可以自动进行再评估，并且可以重新生成形状。首先由用户随意控制指令，然后软件会标识出哪些已经被修改，有改动的部分会被重新生成。这是因为一个改变可以传递给其他与之相关联的对象，用于复杂互动组装的发展，需要使用求解器来分析其变更并选择最有效的更新顺序，拥有这种自动更新能力的工具，是当前 BIM 和参数化建模中最先进的。

一些 BIM 设计工具支持复杂曲线和曲面的参数关系，如样条曲线（SPLINE）和非均匀有理数 B 样线条（Non Uniform Rational B-Spline，NURBS），这些工具允许定义和控制复杂曲线的形状。但目前市场上几种主要的 BIM 设计工具，并不具备这些功能，可能是其使用性能或可靠性方面的原因。参数化对象的定义也为绘图中的尺寸标准提供了指导，如在一道墙内，依据从墙端到窗户中心的偏移量设置窗户，那么在后来的绘图中，默认的尺寸标准会以此方式完成。总之，所有的 BIM 设计工具都具有重要的但功能不同的参数化建模技术。

面向对象参数化建模，为用户提供了创建和编辑几何图形的强大方法，没有它，模型生成与设计将会非常烦琐且容易出错，就如同实体建模刚开始发展后带给机械工程设计师的失望是一样的。如果没有一个有效的建模系统，那么要设计人员去设计一栋包含成千上万构件的建筑是不切实际的。

2.基于实体的参数化建模

在参数化建模过程中，允许每个构件类别的实体依据自身的参数设定和相关对象的内容状况而定（如墙是一面可被连接的构件）。另外，规则可被定义为该设计所必须满足的需求。例如，对于包裹钢筋的墙或混凝土的最小厚度，允许设计师进行修改，同时检查规则并更新细节，使设计元素符合规则要求，并在不能满足规则时向用户发出警告。

在传统的 3D CAD 软件中，一个构件的每个几何面都必须由用户手动编辑。但在参数化建模系统中，形状和几何组成会在周围环境发生改变时，或在用户的高阶控制下自动进行调整，也就是说，形状和几何组成会根据已经定义好的规则来编辑自己。在一些 BIM 设计应用中，会包含不同类别的墙，以便满足更多的需求，但不要试图将一种类型的墙转换为另一种，因为这是无法完成的。

对于大多数墙来说，墙的厚度完全由两面墙身控制，根据名义上的厚度或施工类型的偏移量来定义。偏移量源自一个排序好的图层序列，此序列依次显示核心、隔热、覆盖、室内装饰材料与其他墙关系等重要属性。墙的立面形状通常取决于一个或多个楼板平面，其顶面可以有明确的高度，或是与一组特定的相邻平面相关。在墙体两端，有固定的端点（独立式）或与其他墙、柱相交。如果墙的面层超出了楼板高程，为了利用墙的表面处理来覆盖地基，就需要进行特别处理。墙与所有相邻的构件实体以及多个由它分割的空间有关联。

对墙进行施工，如螺栓配置，可以分配给一个或多个墙的面层（多个面层是指提供吸音或隔热层）。门窗开口都有放置点，其放置点由沿墙靠近窗的一侧端点或到开口中心点的长度定义。建造和开口都位于墙的坐标系统内，因为它们会作为一个单元体来移动。一面墙会因为平面配置更改而以移动、增长或收缩的方式来调整其两端，门窗也会同时跟着移动和更新。在任何时候，当一个或多个界定墙的曲面有所变化时，墙会自动更新并保留其原本配置。

3.参数化建模所涉及的层次

参数化建模工具在特定领域的使用，无论是用在 BIM 设计上，还是用在其他行业，都有许多细部上的差异。在 BIM 设计应用中，参数化建模也有几种不同类型，以便处理不同的建筑体系。建筑物一般是由大量相对简单的不同构件组成的，每个建筑体系均具有典型的建筑规则和关系，于是，对建筑物进行参数化建模就比创建一般的对象更容易些。然而，即使是一栋中型的建筑物，也会包含大量的构件和连接节点等信息，这导致就算使用最高阶的计算机进行设计和计算，也会产生效率低下等问题。此外，BIM 设计应用要求使用建筑常规制图，往往不支持绘图，或者是仅使用较简单的正交绘图法。以上这些差异，致使在 BIM 中只有极少数的参数化建模工具被应用。

（二）建筑物的参数化建模

在制造行业，参数化建模被用于模型的设计、制造、规则定义等。例如，波音（Boeing）公司在设计波音 777 型客机时，首先对飞机机舱内部样貌、制造、组装等规则进行定义。然后，通过几百个气流的模拟，依据空气动力学的原理，微调飞机的外部形状（称为计算流体动力学），与这些模拟的连接，使得设计者可以有许多替代形状和参数化调整。最后，为了消除 6 000 多个更改的请求，他们预先虚拟组装整架飞机，减少了 90% 的空间上的重复工作。据估计，波音公司为了生产 777 型客机，投资超过 10 亿美元，购买并设置了他们的参数化建模系统。

类似的方式也存在于约翰迪尔（John Deere）公司与比利时 LMS 国际公司的合作中，他们在研讨如何建造想要的拖拉机时，许多型号是根据约翰迪尔公司为制造而设计的建模规则开发的。

使用参数化建模，企业常会研讨他们的对象群组是如何进行设计和制造的，如何通过改变参数的功能、生产，使得标准与组装上产生关联。在这些例子中，企业根据过去的经验，在设计、生产、组装、维修上，分析什么是可行的，什么是不可行的，并融入了企业知识。这是资料查取、再利用和拓展企业专门知识的一种方法，也是航空航天、制造、电子等行业的标准做法。

1.在设计上，呈现参数化

BIM 有自己预先定义的对象类别群组，每个对象内部可能都具有不同行为的应用程序。除了供应商所提供的对象群组外，一些网站也提供其他类别对象群组的下载和使用，这些相当于以前为 2D 绘图系统所提供的草图库，但相比之下，它们更有用，功能也更强大，包括家具、水电设备、混凝土预制构件等，有一般性对象，也有特定的模型产品。

BIM 的参数化对象能够识别自身是如何被连接到构件中去的，以及当环境和其他对象改变时，如何自动调整自己。例如，当墙壁或天花板变动时，在大多数应用工具中与其相关联的建筑对象都可以自动更新，这些对象类别还定义了可与建筑对象相关联的特征。连接是预制结构中 BIM 应用的基本特点，是否可以在一面墙上形成一个连接，这是在预制混凝土结构中经常遇到的问题。由于这种可能（在一面墙上形成一个连接等）的存在，让用户可以扩展现存的基本对象类别或建立新的类别，去解决 BIM 软件开发者原先未预想到的问题，这一点是非常重要的。

每个 BIM 设计应用软件都包含以往用于修改主要建筑物外形的对象，它们包括墙和楼板开口、接头，屋顶的天窗和天窗的开口，梁、柱与其他结构、构件的连接。那些与其他构件互动的对象，如墙体、梁、楼板和柱等，最大的特点是它们具有复杂的行为，并且是 BIM 设计工具的核心。其他则是不需要有参数化行为的对象，如卫生间的固定家具、具有固定尺寸的门窗产品，以及其他不随内容改变的对象。不需要有参数化行为的对象，有时又称为建筑对象模型，可由外部图库提供，并被轻松地创建，因为它们不大量依赖其他对象的动态参数。还有一类对象是定制化的自定义商业产品，包括幕墙系统、复杂吊顶系统、橱柜、栏杆，以及其他建筑金属制品，这类对象是简单或复杂参数化对象，在定义它们的行为时，需要如同 BIM 设计工具中的基本对象一样注意其设定。

建筑建模工具与其他行业建模工具的功能差异是，需要明确地表示被建筑构件封闭的空间。有环境条件的建筑空间是建筑的主要功能，形状、体积、表面、环境品质、照明，以及与室内空间的属性，是设计中用以显示和评估的关键点。传统的建筑 CAD 系统不能具体地表示建筑空间，对象是以绘图系统按接近的方式绘制。

从 2007 年开始，BIM 设计工具能自动生成与更新空间体积。当前，大多数 BIM 软件呈现的建筑空间，都可以自动生成和更新由楼板与墙体相交所定义的多边形。然后，多边形被提升到天花板的平均高度，或可能被修剪到倾斜的天花板曲面上。在较旧的方法中，会有人工绘图的缺点：用户必须管理墙边界与空间之间的一致性，使得更改乏味且容易出错。但新的定义也并不完美，它仅适用于垂直墙壁和平坦的地面，会忽略墙面的角度变化，往往不能反映非水平的天花板。建筑师开始操作的建筑元素（或建筑构件）往往是根据其名称而衍生的大概形状，但是工程师和建造师必须处理与元素（构件）名称衍生的大概形状有些差异的制造形状和配置，并且必须带有制作等级信息。此外，形状会因预拉力（曲面和收缩）和重力而偏转，或因热胀冷缩而改变。当建筑模型被广泛地用于直接制作时，在此参数化模型的形状生成和编辑方面，都需要 BIM 设计工具的额外功能。由于细部的更改可自动关联更新，因此参数化建模生产效率较高。在建筑设计和生产上，若无参数化功能使得自动更新变得可行，3D 建模就不会具有较高的生产力。然而潜在的影响是，每个 BIM 工具执行参数建模的程度、提供的参数对象群组的设置、设定的规则和结果，都会导致设计行为有所不同。

2.参数化建模在建造中的应用

当有些 BIM 设计软件允许用户以 2D 剖面图方式指派图层绘制墙剖面时，有些 BIM 设计软件则采用巢状方式配置参数对象，如一道普通墙面层内的墙骨架，这样的方式允许生成骨架的细部，也可以生成木材的断面清单表格，以减少浪费并加快木材或金属骨框架结构的组立。在大型结构中，类似的框架和结构布局选项是制作时的必要操作。在这些情况下，对象为组成系统中的一部分，系统为结构、机电、管道，以及类似由参数规则决定的元件的构成形式。元件通常具有一定特征，如被定制化设计并制作的接头。在更复杂的情况下，每个系统的每个部分是由它们内部构成的部分所组成的，如混凝土中的钢筋或大跨度钢结构的复杂桁架等。

一组独特的 BIM 设计工具被开发出来，用以建立更精细的制作级别模型，这组工具已经根据不同类型的专业被内置为不同的对象群组，这些对象群组与不同的特定用途有关，如追踪和订购材料、厂房管理系统、自动化制作软件。这种套装软件早期是为了钢结构制造而开发的，起初都是简单的 3D 配置系统，带有连接用的预先定义的参数对象群组，用以提供连接及编辑操作，如为钢筋接头焊件裁切后加螺帽。后来，这些功能被加强，可根据承载及构件尺寸，支持自动化接头设计。随着相关的切割及钻孔机械的发展，这些系统已成为自动化钢结构制作一体化的一部分。在预制混凝土、钢筋混凝土、金属通风管、管道，以及其他建筑系统上，也有同样的方式被运用与开发。

在制作模型时，对于细部制作，为改善其参数对象，制作者有一些明确的目的，如减少劳动力作业、实现特定的视觉外观、减少混合不同类型的工作人员和尽量减少材料的类型或限制材料的大小等。在标准设计指南中，通常是用一种大多数人可以接受的方法，在某些情况下可使用标准细部处理的做法，来实现各种不同的目标。在其他情况下，这些细部做法则需要修改。一家公司对制造某特定对象的最佳做法或标准界面，可能还需要进一步定制化。在未来的几十年里，设计指南将会用一组参数模型与规则来辅助这种方式。

目前，广泛被使用的几种施工 CAD 系统，并不是通用的基于对象参数化建模的 BIM

设计工具，而是传统的 B-rep 建模器，这些建模器可能具有基于 CSG 的建造树状结构和附带的对象类别库。

在比较传统的 CAD 系统平台中，用户可以选择尺寸和参数化调整尺寸，以及放置 3D 对象和其相关属性。这些对象个体和属性可以被导出，用于物料清单、工作订单的制作，以及为其他应用系统所用。当有一套固定的对象类别能使用固定的规则来组成时，这些系统将会变得很有用，相关的应用包括管道、通风管、电缆槽系统等。

四、BIM 的实际应用领域

城市规划，从大范围层次来讲，是对一定时期内整个城市或城市某个区域的经济和社会发展、土地利用、空间布局的计划和管理，从小的层次来讲，是对建设过程中某个具体项目的综合部署、具体安排和实施管理。在城市规划领域，目前是以 CAD 和地理信息系统（Geographic Information System，GIS）作为主要支撑平台的，三维仿真系统是目前城市规划领域应用最多的城市规划管理三维平台。未来城市规划的主要发展方向是，规划管理数据多平台共享、办公系统三维或多维化、内部自动化办公系统与办公系统集成等。但目前，三维模型信息往往通过外接数据库，实现更新、查找、统计等功能，并且没有实现模型信息的多维度应用。

BIM 对促进未来更智能化的"数字化城市"发展具有极大的价值。另外，将 BIM 引入城市规划的地上、地下一体化三维管理系统中，也是研究城市空间三维可视化的关键技术，为城市规划地上空间和地下空间的关系，以及地质信息管理与社会化服务系统的建立提供原型，为城市规划、建设和管理提供三维可视化平台。此系统可服务于城市建设、城市地质工作，对促进"数字化城市"的进步，优化城市规划管理层次，推动城市地质科学的发展，具有重要的战略意义。

将 BIM 引入项目的规划阶段，形成统一的规划阶段的项目初始数据模型，可以为下一环节的项目设计提供基础数据。同时，利用 BIM 的各种专业分析软件，分析和统计规划项目的各项性能指标，可以实现规划从定性到定量的转变，并充分利用 BIM 的参数化设计优势，结合现有的 GIS 技术、CAD 技术和可视化技术，科学辅助项目的策划、研究、设计、审批和规划管理。

五、BIM 对建筑业的影响

工程项目从立项开始,历经规划、设计、施工、竣工验收到交付使用,是一个漫长的过程。在这个过程中,具有不确定性的因素有很多。在项目建造初期,设计与施工等领域的从业人员面临的主要问题有两个:一是信息共享,二是协同工作。

在工程设计、施工与运行维护中,信息交换不及时、不准确问题会导致大量人力和物力的浪费。2007 年,美国的麦格劳·希尔公司(McGraw Hill)发布了一个关于工程行业信息互用问题的研究报告,该报告显示,数据互用性不足会使工程项目平均成本增加 3.1 %。具体表现为,由于各专业软件厂家之间缺乏共同的数据标准,无法有效地进行工程信息共享,一些软件无法得到上游数据,使得信息脱节、重复,导致工作量巨大。

BIM 的主要作用是,使工程项目数据信息在规划、设计、施工和运营维护全过程中充分共享和无损传递,为各参与方的协同工作提供坚实的基础,并为建筑物从概念到拆除的全生命期中各参与方的决策提供可靠依据。

第二节 BIM 软件

自 2010 年以来,国内大型应用软件开发公司,如北京构力科技有限公司(Beijing Glory PKPM Technology Co., Ltd., 以下简称 PKPM)、北京盈建科软件股份有限公司(YJK Building Software,以下简称 YJK 公司)等,一直致力于开发支持 BIM 的相关产品。YJK 是基于 BIM 技术,面向国内及部分国际市场的建筑和结构设计软件,其接口数据采用开源数据库,统一管理建模数据、计算结果、设计结果和施工图设计结果,是全面开放的建筑结构软件平台。2011 年,YJK 公司发布 YJK 和 Revit 接口软件,是我国应用的第一款实用型的具有商品化结构设计的 BIM 接口软件。BIM 技术的实现手段是软件,与只需要一个或几个软件的 CAD 技术不同的是,BIM 需要一系列软件来支撑。

一、设计类软件

当前，BIM 设计类软件在市场上主要有四家主流生产公司，分别是 Autodesk、Bentley 软件公司（以下简称 Bentley）、图软（Graphisoft）和 Tekla。Autodesk 公司的 Revit 系列占据了最大的市场份额，是行业领跑者，Revit 系列主要包括 Revit Architecture（建筑设计）、Revit Structure（结构设计）和 Revit MEP（机电管道设计）三类。Bentley 的 BIM 技术在业界处于领先地位，提供了各种软件来解决建筑行业各个阶段的专业问题。Bentley 根据各个专业的需要，为工程的整个生命期提供量身打造的解决方案，这些解决方案可满足将要在此生命期中使用和处理这些资产的工程师、建筑师、规划师、承包商、制造商、IT 经理、操作员和维护工程师的需要。每个解决方案都由构建在开放平台上的集成应用程序和服务构成，旨在确保各工作流程与项目团队成员之间的信息共享，从而实现协同合作。多年来，Tekla 公司一直为钢结构详图设计与制造人员提供创新性工具，使他们的工作更有效、更精确。Tekla Structures 是最早开发的基于 BIM 技术的设计软件，被全球数以千计的公司采用，在中国也有上百家公司在应用其产品。以下主要介绍 Revit、Bentley、ArchiCAD、Tekla Structures 这四种常用的 BIM 应用软件。当然，除了这四种主要的 BIM 应用软件外，还有其他的 BIM 应用软件，感兴趣的读者可以参阅相关介绍：

（一）Revit 系列

1.Revit Architecture

专为 BIM 而设计的 Revit Architecture 能够帮助设计师捕捉和分析早期设计构思，并能够在从设计到施工的整个流程中，更精确地保持设计理念，利用包含丰富信息的模型来支持可持续性设计、施工规划与构造设计，帮助设计师作出更加明智的决策，自动更新功能可以确保设计与文档的一致性与可靠性。Revit Architecture 可以帮助设计师促进可持续设计分析，自动交付协调、一致的文档，加快创意设计进程，进而获得强大的竞争优势。设计师可以根据自身进度，借助 Revit Architecture 迁移至 BIM，并可以继续使用 AutoCAD 或 AutoCAD Architecture。

2.Revit MEP

Revit MEP 是面向机电管道的 BIM 设计和制图软件，其中，MEP 分别是机械

（Mechanical）、电气（Electrical）、管道（Plumbing）三个专业的英文首字母。Revit MEP 可以模拟工程师的思维方式进行思考，从而对日常工作进行模拟设计，尽量避免因团队之间的沟通和协调错误而带来的不必要损失，以便增强工作发展的可持续性。

Revit 作为 BIM 的一个设计工具，具有友好、易学的操作界面，且开发了非常广泛的对象库，便于多用户在同一项目中并行工作。但 Revit 是一种以记忆为主的系统，在管理较大工程项目信息，如文件大小超过 300 MB 的项目时，运行速度明显降低，且参数化定义有一些限制，只能支持有限的复杂曲面，缺少对象层次的时间记忆，尚无法完全提供 BIM 环境中所需要的完整对象管理。

（二）Bentley 系列产品

Bentley 系列产品的主要功能涵盖针对基础设施的建筑结构分析与设计、桥梁设计、公路与铁路场地设计、给排水网络分析与设计、岩土工程设计、地理信息管理和交通运输资产管理等。

1.MicroStation

MicroStation 是世界领先的信息建模环境，专为公用事业系统、公路、铁路、桥梁、建筑、通信网络、给排水管网和采矿等类型基础设施的建筑、工程、施工和运营而设计。MicroStation 既是一款软件应用程序，又是一个技术平台。作为一款软件应用程序，MicroStation 可通过三维模型和二维设计实现实境交互，确保生成值得信赖的交付成果，如精确的工程图、内容丰富的三维 PDF 和三维绘图。它还具有强大的数据分析功能，可对设计进行性能模拟，包括逼真的渲染效果和精彩的动画。此外，MicroStation 还能以一定的广度和深度整合来自各种 CAD 软件和工程格式的工程几何线形与数据，确保用户与整个项目团队实现无缝化工作。作为适用于 Bentley 和其他软件供应商特定专业应用程序的技术平台，MicroStation 提供了功能强大的子系统，可保证几何线形和数据集成的一致性，并可增强用户在大量综合的设计、工程和模拟应用程序组合方面的体验。它可以确保每个应用程序都充分利用这些优势，使跨领域团队从具有数据互用性的软件组合中受益。

2.AssetWise

为了确保资产运营的安全性、可靠性和合规性，Bentley 充分利用 30 多年的设计及可视化创新结果，采用基于风险的方法进行资产管理，一直走在工程软件的最前沿。借助使用二维或三维智能基础设施模型和点云功能，以及工程信息和资产性能管理功能，Bentley 提供了一个企业平台，有助于业主在整个生命期内管理资产。这一可视化的工作流程同时支持现有和旧有运营，有助于消除资本支出与运营支出之间的脱节，还能为资产的运营性能及安全性提供可持续的业务策略。

AssetWise 能够帮助业主实现运营与维护、资产集成和流程安全的愿景。业主所面临的挑战无论是可靠性和可用性的增强、维护成本的降低，还是资产生命周期的延长、资产运营的安全，AssetWise 性能管理都能为其提供完备的解决方案，帮助业主赢得竞争优势。

Bentley 的优势是提供了非常广泛的建筑建模工具，几乎可以处理建筑、工程和施工（Architecture Engineering and Construction，AEC）行业的所有方面。它支持复杂曲面的建模，包括多个支持层面，用以自定义参数化对象。对于大型工程，Bentley 提供了许多参数化对象用以支持设计，并提供多个平台和服务器用于支持协同工作。目前，Bentley 要结合中国相关规范继续完善其产品。在大型工程设计过程中，由于其协同所需的数据信息有些时候只是部分可以实现，其各种应用产品之间的整合相对较弱，所以也需要进一步加强。

（三）ArchiCAD

在设计方面，设计师使用 ArchiCAD 可以自由地建模和造型，在最恰当的视图中，轻松创建想要的形体，轻松修改复杂的元素。ArchiCAD 可以使设计师将创造性的自由设计与其强大的建筑信息模型高效地结合起来，有一系列综合的工具在项目相关阶段支持这些过程。自定义对象、组件，以及建筑构件需要一个多样灵活的建模工具，ArchiCAD 在本地 BIM 环境中，通过新的工具引入了直接建模的功能，整合的云服务能够帮助用户创建和查找自定义对象、组件和建筑构件，来完成他们的 BIM 模型。

Graphisoft 一直在"绿色"方面持续创新，与其 BIM 创作工具整合，为可持续设计提供了独一无二的工作流程。在文档创建方面，设计师使用 ArchiCAD 能够创建 3D 建筑信息模型，对于一些必要的文档和图像，也可以自动创建。为了更好地交流设计意图，创新的 3D 文档功能，可以使设计师能够将任意 3D 视图作为创建文档的基础，并可添加标注尺寸甚至额外的 2D 绘图元素。因为大部分发达国家的扩建、改造和翻新项目数量等同于新建建筑项目，ArchiCAD 为改造和翻新项目提供内置的 BIM 文档和新的工作方式，以便设计师更好地完成扩建、改造和翻新项目。

ArchiCAD 强大的视图设置能力、图形处理能力，以及整合的发布功能，确保了打印或保存一个项目的各项图纸集不需要花费额外的时间，而这些成果都来自同一个建筑信息模型。

在协同工作方面，BIM 给设计团队带来了巨大的挑战。当在大型项目中运用 BIM 时，建筑师经常会遇到模型访问能力和工作流程管理的瓶颈。Graphisoft 的 BIM 服务器通过领先的服务器技术，大大减少了网络流量，使得团队成员可以在 BIM 模型上实现协同工作。ArchiCAD 的 BIM 服务器具备较先进的技术水平，在共享设计文件时，形成了全新的应用范例。随着创新型服务器技术的出现，客户与服务器之间只传送变更后的元素，从百万字节到千字节，数据包的平均大小随之减小，团队成员可在全球任意地点就 BIM 模型进行实时协同。

综上所述，ArchiCAD 具有直观的操作界面，包含广泛的对象库，可用于设计建筑系统、设施管理、协同工作等，可以有效地管理大型工程项目。但 ArchiCAD 在自定义参数建模上有一定的局限性，它是一种以记忆为主的系统，会遇到项目规模变大时运行速度缓慢的问题。

（四）Tekla Structures

Tekla Structures 的功能包括 3D 实体结构模型与结构分析完全整合、3D 钢结构细部设计、3D 钢筋混凝土设计、专案管理和自动 shop drawing 等。Tekla Structures 是一个功能强大、灵活的三维深化与建模软件方案，涵盖了从销售、投标到深化、制造和安装等的整个工作流程。同以前的二维技术相比，Tekla Structures 可以显著地提高工作效率及工作精度，大幅度地提高生产力。Tekla Structures 为设计师提供了各种各样的非常易用的工具及庞大的节点库，可以满足设计过程中各类连接的需要，它们都可以简单地通过自动连接及自动默认功能安装到结构上面。Tekla Structures 的图形界面使设计师可以立即用它进行详图设计，且又快又容易。它是一套基于 Windows 的系统，所以其界面非常友好且很容易上手。Tekla Structures 在图形界面中提供了可以自定义、浮动的图标及工具条，可以为设计师提供快速搭建结构模型的各种工具。此外，动态缩放及拖动功能可以让设计师从近距离以任意角度来检查所创建的模型，无限次撤销功能为设计师提供任意次改正错误的机会。同时，相关联的"帮助"菜单能够协助设计师找到任何所需的链接。使用开放图形库（Open Graphics Library，OpenGL）技术，Tekla Structures 使设计师可以多种模式显示创建的模型，如可以切实地旋转模型或在模型中"飞行"。不管模型有多大，都可以无限制地设置显示视图，检查模型中的每一个部件。不同于其他的模型系统，Tekla Structures 让设计师能够真正地在三维空间中建造模型。

Tekla Structures 拥有全系列的连接节点，可以立即为设计师提供准确的节点参数，从简单的端板连接、支撑连接到复杂的箱型梁和空间框架都可以完成。如果想要创建一个独特的节点，设计师只需简单地对已有的节点进行修改或是搭建一个自己的节点，然后就可以将其保存在自己的节点库中，以供将来使用。Tekla Structures 全新的自动连接功能使得安装节点比以前更容易，设计师可以独立、分阶段或是在整个工程中来安装它们，不管怎么用，结果都会立即显现出来，节约了大量的时间。这在搭建比较大的项目、用到多种节点的时候特别有用。此外，Tekla Structures 的节点校核功能可以让设计师检查节点的设计错误，校核的结果以对话框的形式显示在屏幕上，同时生成一个可以打印的超文本标记语言（Hyper Text Markup Language，HTML）文档，其中显示有节点的图形及计算书。

在协同工作方面，Tekla Structures 支持多个用户对同一个模型进行操作。当设计师需要建造大型项目时，多用户模式可以真正做到协同工作。设计师们可以在同一时刻对同一模型进行操作，即使他们位于不同的地点。这一强大的功能可以节约时间，提高设计品质。Tekla Structures 包含一系列与其他软件的数据接口（如 AutoCAD、PDMS、MicroStation、FrameWorks Plus 等），集成了最新的 CIMsteel 综合标准 CIS/2，这些接口使得在设计的全过程中都能快速准确地传递模型。与上下游专业间有效的互联和互通，可以使设计师整合设计的全过程，从规划、设计，直到加工、安装，这样的数据交流可以极大地提高产量，降低成本。Tekla Structures 能够自动创建图纸和报表，设计师可以创建总体布置图甚至任意样式的材料表。在图纸编辑器中集成了全交互式的编辑工具，所以设计师的图纸永远可以被调整到最优状态。同时，图纸复制功能可以复制复杂的图纸风格，全面提高设计产量。由于中央数据库位于 Tekla Structures 的核心部位，不管设计师如何进行修改，报表、图纸永远都是最新的，并且其最显著的优点之一就是可以非常容易地进行修改，不需要在模型中删除任何构件，只要选中然后修改构件即可。此外，基于 BIM 的三维模型非常智能，它会自动对模型的修改做出调整。例如，如果修改了一根梁或者柱的长度或位置，Tekla Structures 会识别出该项改动，然后自动对相关的节点、图纸、材料表和数控数据做出调整。

Tekla Structures 虽然是一种强大的设计工具，但对于它的全部功能，在学习和充分利用上却是相当复杂的，其参数化单元的能力令人印象深刻，但在工作强度上，需要具有更高水平的用户来操作。虽然 Tekla Structures 可以从其他应用软件中导入复杂的曲面对象，但这些被导入的对象只能被引用，不能被编辑。此外，Tekla Structures 的价格也相对昂贵。

二、施工类软件

BIM 参数模型具有多维属性，在施工阶段，4D 模型的虚拟施工与 5D 模型的造价功能使建设项目各参与方能够更清晰地预见、控制和管理施工进度与工程造价，常见的 4D、5D 模型应用软件如下：

（一）Navisworks Manage

Navisworks Manage 软件是 Autodesk 开发的用于施工模拟、工程项目整体分析，以及信息交流的智能软件，其具体的功能包括模拟与优化施工进度、识别和协调冲突与碰撞、使项目参与方有效地沟通与协作，以及在施工前发现潜在的问题。Navisworks Manage 软件与 Microsoft Project 具有互用性，在 Microsoft Project 软件环境下创建的施工进度计划可以导入 Navisworks Manage 软件中，再将每项计划工序与 3D 模型的每一个构件一一关联，轻松实现施工过程模拟。

（二）ProjectWise Navigator

ProjectWise Navigator（以下简称 Navigator）软件是 Bentley 于 2007 年发布的施工类 BIM 软件。Navigator 为管理者和项目组成员提供了协同工作的平台，他们可以在不修改原始设计模型的情况下，添加自己的注释和标注信息。

Navigator 是一个桌面应用软件，它可以让用户可视化和交互式地浏览那些大型、复杂的智能 3D 模型。用户可以很容易并快速地看到设计人员提供的设备布置、维修通道，以及其他关键的设计数据。Navigator 的功能还包括碰撞检查，能够让项目建设人员在施工前进行虚拟施工，尽早发现实际施工过程中的不当之处，从而降低施工成本，避免重复劳动和优化施工进度。

三、BIM 其他软件

（一）建模类软件

在 2D 建模软件中，使用范围最广的是 Autodesk 的 AutoCAD 和 Bentley 的 MicroStation。在 3D 建模类软件中，常用的与 BIM 核心软件具有互用性的软件有 SketchUp、Rhino 和 FormZ。

（二）可视化类软件

基于创建的 BIM 模型，与 BIM 具有互用性的可视化软件可以将其可视化效果输出，常用的软件包括 3DS Max、Artlantis、Lightscape 与 AccuRender 等。

（三）分析类软件

结构分析软件是目前与 BIM 核心建模软件互用性较高的软件，两者之间可以实现双向信息交换，即结构分析软件可对 BIM 模型进行结构分析，主要有 ETABS、STAAD、SAP2000、PKPM 和 YJK 等。此外，可持续发展分析软件可以对项目的日照、风环境、热工、景观可视度和噪声等方面做出分析，主要软件有国外的 Ecotect、IES（VE），以及国内的 PKPM 等。

第三节 BIM 研究现状

目前，BIM 正逐渐成为城市建设和运营管理的主要支撑技术，随着 BIM 技术的不断成熟、各国政府的积极推进，以及配套技术（数据共享、数据集成、数据交换标准研究等）的不断完善，BIM 已经成为与 CAD、GIS 同等重要的技术支撑，共同为建筑行业的发展带来更多的可能性和更强的生命力。

一、BIM 相关标准研究

IFC 标准是在 1995 年被提出的，该标准的提出是为了促成建筑业中不同专业及同一专业中的不同软件共享同一数据源，从而达到数据的共享及交互。

不同软件的信息共享与调用主要是由人工完成的，解决信息共享与调用问题的关键在于标准。有了统一的标准，也就有了系统之间交流的桥梁和纽带，数据就能在不同系统之间流转。作为 BIM 数据标准，IFC 标准在国际上已日趋成熟，在此基础上，中国建筑标准设计研究院（现为中国建筑标准设计研究院有限公司）提出了适用于建筑生命周期各个阶段的信息交换及共享的《砌筑砂浆配合比设计规程》（JGJ 98—2000）标准（现已废止），该标准参照国际 IFC 标准，规定了建筑对象数字化定义的一般要求，以及资源层、核心层及交互层。2008 年，中国建筑科学研究院有限公司、中国标准化研究院等共同起草了《工业基础类平台规范》（GB/T 25507—2010/ISO/PAS 16739:2005），此规范与 IFC 标准在技术和内容上保持一致。

清华大学软件学院在欧特克中国研究院的支持下，开展了对中国 BIM 标准的研究，旨在完成中国 BIM 标准的研究任务。此外，为进一步开展中国 BIM 标准的实证研究，清华大学软件学院与中建国际设计顾问有限公司签署了 BIM 研究战略合作协议，中建国际设计顾问有限公司成为"清华大学软件学院 BIM 课题研究实证基地"。马智亮等对比了 IFC 标准与现行的成本预算方法及标准，为 IFC 标准在我国成本预算中的应用提出了解决方案。邓雪原等研究了涉及各专业之间信息的互用问题，并以 IFC 标准为基准，提出了可以将建筑模型与结构模型很好地结合的基本方法。张晓菲等在阐述 IFC 标准的基础上，重点强调了 IFC 标准在基于 BIM 的不同应用系统之间的信息传递中发挥了重要作用，指出 IFC 标准有效地实现了建筑业不同应用系统之间的数据交换和建筑物生命周期管理。

2012 年，中华人民共和国住房和城乡建设部（以下简称住房和城乡建设部）印发了《2012 年工程建设标准规范制订修订计划》，宣告了中国 BIM 标准制定工作正式启动，后续编制发布了《建筑信息模型应用统一标准》《建筑信息模型分类和编码标准》《建筑信息模型施工应用标准》《建筑信息模型设计交付标准》《建筑工程设计信息模型制图标准》等一系列标准。

总之，关于 BIM 标准的研究，为实现中国自主知识产权的 BIM 系统工程奠定了坚实的基础。

二、BIM 相关学术研究

相关学者在阐述 BIM 技术优势的基础上，研究了钢结构 BIM 三维可视化信息、制造业信息及信息的集成技术，并在 Autodesk 平台上选用 ObjectARX 技术，开发了基于上述信息的轻钢厂房结构、重钢厂房结构及多高层钢框架结构 BIM 软件，实现了 BIM 与轻、重钢厂房和高层钢结构工程的各个阶段的数据互通。也有学者构建了一种主要涵盖建筑和结构设计阶段的信息模型集成框架体系，该体系可初步实现建筑、结构模型信息的集成，为研发基于 BIM 技术的下一代建筑工程软件系统奠定了技术基础。相关 BIM 研究小组深入分析了国内外现行建筑工程预算软件的现状，并基于 BIM 技术提出了我国下一代建筑工程预算软件框架。

还有学者进行了多项研究，主要有几项研究成果：建立了施工企业信息资源利用概念框架，建立了基于 IFC 标准的信息资源模型，并成功将 IFC 数据映射形成信息资源，最后设计开发了施工企业信息资源利用系统；在 C++语言开发环境下，研制了一种可以灵活运用 BIM 软件开发的三维图形交互模块，并进行了实际应用；研究了 BIM 技术在建筑节能设计领域的应用，提出将 BIM 技术与建筑能耗分析软件结合进行设计的新方法；将 BIM 技术与对象建筑设计软件 ABD 相结合，研究了构建基于 BIM 技术的下一代建筑工程应用软件等技术；利用三维数据信息可视化技术，实现了以《绿色建筑评价标准》（GB/T 50378—2019）为基础的绿色建筑评价功能；从建筑软件开发的角度，对 BIM 软件的集成方案进行初步研究，从接口集成和系统集成两大方面，总结了 BIM 软件集成所面临的问题；研究了基于 BIM 的可视化技术，并将其应用于实际工程中；将 BIM 技术应用于混凝土截面时效非线性分析中，开发了基于 BIM 技术的混凝土截面时效非线性分析软件系统。

三、BIM 辅助工具研究

在美国，很多 BIM 项目在招标和设计阶段都使用基于 BIM 的三维模型进行管理，注重 BIM 与现场数据的交互，采用较多的技术，如激光定位技术、无线射频识别技术和三维激光扫描技术。目前，国内一些单位也开始积极使用新技术，强调 BIM 与现场数据的交互。

（一）激光定位技术

目前，国内的放线更多采用传统测绘方式，在美国也有部分地方用 Trimble 激光全站仪，在 BIM 中选定放线点数据和现场环境数据，然后将这些数据上传到手持工作端。运行放线软件，使工作端与全站仪建立连接，用全站仪定位放线点数据，手持工作端选择定位数据并进行可视化显示，实现放线定位，将现场定位数据和报告传回 BIM，BIM 集成现场定位数据。

（二）无线射频识别技术

目前，无线射频识别（Radio Frequency Identification，RFID）技术被用来定位人和现场材料，其中对人的定位还处在研究阶段，但是材料的定位和 BIM 集成已经相对成熟。在有的工地上，钢筋绑着条形码标签，材料在出厂、进场和安装前进行条形码扫描，成本并不高，扫描后的信息可以直接集成到 BIM 中，这些信息可以节省人工统计和录入报表的时间，而且可以根据这些信息来组织和优化场地布置、塔吊使用计划、采购及库存计划。

（三）三维激光扫描技术

已有美国承包商根据 3D 激光扫描仪进行实时数据采集，根据扫描的点云模型，可以了解施工现场建筑进度现状。点云模型技术在监测地下隧道施工中应用较多。根据点云模型自动识别、生成施工模型会存在误差，如果建模人员对 BIM 模型非常熟悉，则可根据点云数据进行手动绘制，结果更准确，这样可以直观地看到当前形象进度与计划形象进度间的差异。

第四节 BIM 应用现状

一、国外 BIM 应用现状

根据查克·伊斯曼的观点，BIM 是在建筑生命周期对相关数据和信息进行制作和管理的系统。从这个意义上讲，BIM 可称为对象化开发、CAD 的深层次开发，或者参数化的 CAD 设计，即对平面 CAD 时代产生的信息孤岛进行再处理基础上的应用。

随着信息时代的来临，BIM 模型在不断发展、成熟。在不同阶段，参与者对 BIM 的需求关注点不一样，并且数据库中的信息字段也可以不断扩展。因此，BIM 模型并非一成不变的，其从最开始的概念模型、设计模型到施工模型，再到设施运营维护模型，一直在不断发展。目前，BIM 在美国、日本、韩国、英国、新加坡及部分北欧国家的发展态势和应用水平都达到了一定程度。

（一）美国

美国是较早启动建筑业信息化研究的国家，发展至今，其对 BIM 的研究与应用都走在世界前列。目前，美国大多建筑项目已经开始应用 BIM，而且存在各种 BIM 协会，出台了各种 BIM 标准。

（二）日本

在日本，BIM 应用已扩展到全国，并上升到政府推进层面。日本软件业较为发达，在建筑信息技术方面拥有较多的国产软件。日本 BIM 相关软件厂商认识到，BIM 是多个软件互相配合达到数据集成目的的基本前提。因此，多家日本 BIM 软件商在工业协作联盟（Industry Alliance for Interoperability，IAI）日本分会的支持下，成立了日本国产 BIM 解决方案软件联盟。

（三）韩国

韩国在运用 BIM 技术方面较为领先，多个政府部门致力于制定 BIM 标准。2010 年

1 月，相关部门发布了《建筑领域 BIM 应用指南》，该指南为开发商和建筑师在采用 BIM 技术时必须注意的方法及要素提供了指导。根据《建筑领域 BIM 应用指南》，企业能在公共项目中系统地应用 BIM，《建筑领域 BIM 应用指南》也为企业确立了实用的 BIM 实施标准。目前，韩国主要的建筑公司都在积极采用 BIM 技术。

（四）英国

与大多数国家不同，英国政府要求强制使用 BIM。英国建筑业 BIM 标准委员会已于 2009 年 11 月发布了英国建筑业的 BIM 标准，2011 年 6 月发布了适用于 Revit 的英国建筑业 BIM 标准，2011 年 9 月发布了适用于 Bentley 的英国建筑业 BIM 标准。这些标准的制定，为英国的 AEC 企业从 CAD 过渡到 BIM 提供了切实可行的方案和程序，例如，如何命名模型、如何命名对象、单个组件的建模、与其他应用程序或专业数据交换等。特定产品标准的制定，是为了在特定 BIM 产品应用中解释和扩展通用标准中的一些概念，英国政府发布的强制使用 BIM 的文件得到有效执行。因此，英国的 BIM 应用处于领先水平，发展速度很快。

（五）新加坡

在 BIM 这一技术被引进新加坡之前，新加坡政府就注意到了信息技术对建筑业的重要作用。为了鼓励早期的 BIM 应用者，政府相关部门为新加坡的部分注册公司成立了 BIM 基金，鼓励企业在建筑项目上把 BIM 技术纳入其工作流程，并运用在实际项目中。BIM 基金的用途有：支持企业建立 BIM 模型，提高分析和管理项目文件的能力；支持项目改善重要业务流程，如在招标或者施工前使用 BIM 做冲突检测，以达到减少工程返工量的效果，提高生产效率。

在创造需求方面，新加坡政府部门决定带头在所有新建项目中明确提出 BIM 需求。在建立 BIM 能力与产量方面，政府相关部门鼓励新加坡的大学开设 BIM 课程，为毕业学生组织密集的 BIM 培训课程，为行业专业人士设立 BIM 专业学位。

（六）部分北欧国家

部分北欧国家，如挪威、丹麦、瑞典和芬兰等，是一些主要的建筑业信息技术的软件厂商所在地，而且对 ArchiCAD 的应用率也很高。因此，挪威、丹麦、瑞典和芬兰等国家是全球最先采用基于模型设计的国家，并且在推动建筑信息技术的互用性和开放标准中起到了重要作用。北欧国家冬季漫长、多雪的环境，使得建筑的预制化显得非常重要，这也促进了丰富数据、基于模型的 BIM 技术的发展，促使这些国家及早地进行了 BIM 部署。

这些北欧国家的政府并未强制要求企业使用 BIM，但由于当地气候的影响及先进建筑信息技术软件的推动，BIM 技术的应用主要是企业的自觉行为。

二、国内 BIM 应用现状

根据我国"十四五"规划，建筑企业需要应用先进的信息管理系统，以提高企业的素质和管理水平。国家建议建筑企业加快将 BIM 技术应用于工程项目，希望借此培育一批建筑业的龙头企业。

相较于其他国家，虽然中国施工企业应用 BIM 技术的时间不长，但 BIM 在中国施工企业中的应用正处于快速发展阶段，在能充分发挥 BIM 价值的大型企业中更是如此。

近年来，BIM 技术在国内建筑业的应用成了一股热潮，除了前期软件厂商的呼吁外，政府相关单位、各行业协会、设计单位、施工企业和科研院校等也开始重视并推广 BIM 技术。

2011 年 5 月，住房和城乡建设部印发的《2011—2015 年建筑业信息化发展纲要》中明确指出，要在施工阶段开展 BIM 技术的研究与应用，推进 BIM 技术从设计阶段向施工阶段的应用延伸，降低信息传递过程中的衰减；要研究基于 BIM 技术的 4D 项目管理信息系统在大型复杂工程施工过程中的应用，实现对建筑工程有效的可视化管理等。

《2011—2015 年建筑业信息化发展纲要》的发布，拉开了 BIM 技术在中国应用的序幕。随后，关于 BIM 的相关政策制定进入了冷静期。但这一时期即使没有 BIM 的专项政策，政府在其他文件中也会重点提出 BIM 的重要性与推广应用意向，如在《住房和城乡建设部工程质量安全监管司 2013 年工作要点》中明确指出，要研究 BIM 技术在建设领域的作用，研究建立设计专有技术评审制度，提高勘察设计行业技术能力和建筑工业化水平。2013 年 8 月，住房和城乡建设部发布了《关于征求关于推荐 BIM 技术在建筑领域应用的指导意见（征求意见稿）意见的函》，其中明确指出，2016 年以前政府投资的 2 万 m² 以上的大型公共建筑以及省报绿色建筑项目的设计、施工，采用 BIM 技术；截至 2020 年，完善 BIM 技术应用标准、实施指南，形成 BIM 技术应用标准和政策体系。

2014 年，北京、上海、广东、山东和陕西等省市相继出台了各类具体的政策，推动和指导 BIM 的应用与发展，其中，以上海市人民政府《关于在本市推进建筑信息模型技术应用的指导意见》（以下简称《指导意见》）的正式出台最为突出。《指导意见》由上海市人民政府办公厅发布，市政府 15 个分管部门参与制定 BIM 发展规划、实施措施，协调推进 BIM 技术应用推广。相比其他省市主管部门发布的指导意见，上海市 BIM 技术应用推广力度最大、决心最大。《指导意见》明确提出，自 2017 年起，上海市投资额 1 亿元以上或单体建筑面积 2 万 m^2 以上的政府投资工程，大型公共建筑，市重大工程，申报绿色建筑、市级和国家级优秀勘察设计和施工等奖项的工程，实现在设计和施工阶段对 BIM 技术的应用。另外，在《指导意见》中还提到，扶持、研发符合工程实际需求、具有我国自主知识产权的 BIM 技术应用软件，保障建筑模型的信息安全；加大产学研投入和资金扶持力度，培育发展 BIM 技术咨询服务和软件服务等国内龙头企业。

我国建筑行业 BIM 技术应用正处于由概念阶段转向实践应用阶段的重要时期，越来越多的建筑施工企业对 BIM 技术有了一定的认识并积极开展实践，特别是 BIM 技术在一些大型、复杂的超高层项目中得到了成功应用，涌现出一大批 BIM 技术应用的标杆项目。在这个关键时期，我国住房和城乡建设部及各省市相关部门出台了一系列政策推广 BIM 技术。

2011 年 5 月，在住房和城乡建设部发布的《2011—2015 年建筑业信息化发展纲要》中对 BIM 提出了七点要求：一是推动基于 BIM 技术的协同设计系统建设与应用；二是加快推广 BIM 在勘察设计、施工和工程项目管理中的应用，改进传统的生产与管理模式，提升企业的生产效率和管理水平；三是推进 BIM 技术、基于网络的协同工作技术应用，完善企业综合管理平台，实现企业信息管理与工程项目信息管理的集成，促进企业设计水平和管理水平的提高；四是研究发展基于 BIM 技术的集成设计系统，逐步实现建筑、结构、水暖电等专业的信息共享及协同；五是探索研究基于 BIM 技术的三维设计技术，提高参数化、可视化和性能化设计能力，并为设计施工一体化提供技术支撑；六是在施工阶段开展 BIM 技术的研究与应用，推进 BIM 技术从设计阶段向施工阶段的应用延伸，降低信息传递过程中的衰减；七是研究基于 BIM 技术的 4D 项目管理信息系统在大型复杂工程施工过程中的应用，实现对建筑工程有效的可视化管理。

另外，《2011—2015 年建筑业信息化发展纲要》还要求发挥行业协会四个方面的服务作用：一是组织编制行业信息化标准，规范信息资源，促进信息共享与集成；二是组织行业信息化经验和技术交流，开展企业信息化水平评价活动，促进企业信息化建设；三是开展行业信息化培训，推动信息技术的普及应用；四是开展行业应用软件的评价和推荐活动，保障企业信息化的投资效益。

2014 年 7 月，住房和城乡建设部发布的《关于推进建筑业发展和改革的若干意见》要求，提升建筑业技术能力，推进建筑信息模型（BIM）等信息技术在工程设计、施工和运行维护全过程的应用，提高综合效益。

2014 年 9 月，住房和城乡建设部信息中心发布了《中国建筑施工行业信息化发展报告 2014：BIM 应用与发展》。该报告突出了 BIM 技术的时效性、实用性、代表性、前瞻性的特点，全面、客观、系统地分析了施工行业 BIM 技术应用的现状，归纳总结了在项目全过程中如何运用 BIM 技术提高生产效率，收集和整理了行业内的 BIM 技术最佳实践案例，为 BIM 技术在施工行业的应用和推广提供了有力支撑。

工程建设是一个典型的具备高投资与高风险要素的资本集中过程，一个质量不佳的建筑工程不仅会造成投资成本的增加，而且会严重影响运营生产，工期的延误也将带来巨大的损失。BIM 技术可以改善因不完备的建造文档、设计变更或不准确的设计图纸，而造成的项目交付延误及投资成本增加的情况。BIM 的协同功能能够支持工作人员在设计过程中看到每步的结果，并通过计算检查施工过程是否节约了资源。BIM 不仅能使工程建设团队在实物建造完成前预先体验工程建设的流程和具体细节，而且能产生一个智能的数据库，提供贯穿建筑物整个生命周期的支持，能够让每个阶段都更透明、预算更精准，也可以被当作预防腐败的一个重要工具。值得一提的是，中国第一个全 BIM 项目——上海中心大厦项目，通过 BIM 提升了规划管理水平和建设质量。有关数据显示，其材料损耗从原来的百分之三降低到了万分之一。

但是，如此"万能"的 BIM 技术正在遭遇发展的瓶颈，并不是所有企业都认同它所带来的经济效益和社会效益。现在面临的一大问题是 BIM 标准的缺失，目前，BIM 技术的国家标准还未正式颁布实施，寻求一个适用性强的标准化体系迫在眉睫；技术人员匮乏是当前 BIM 应用面临的另一个问题，现在国内在这方面仍有很大的人才缺口。

BIM 的实质是在改变设计手段和设计思维模式。使用 BIM 技术虽然资金投入大，成本增加，但是只要全面深入分析产生设计 BIM 应用效率成本的原因，以及把设计 BIM 应用质量效益转化为实现经济效益的可能途径，在一定程度上，再大的投入也是值得的。随着时代的不断发展，BIM 技术与云平台、大数据等技术产生了交叉和互动。同时，云平台已经延伸到 BIM 协同工作领域，结合应用虚拟化技术，为 BIM 协同设计及电子交付提供安全、高效的工作平台，适合市场化推广。

三、BIM 在我国的发展

（一）BIM 在我国的发展条件

1.国家政府部门推动 BIM 的发展应用

国家"十一五"科技支撑计划重点项目"建筑业信息化关键技术研究与应用"重点开展了五个方面的研究与开发工作：建筑业信息技术应用标准体系及关键标准研究、基于 BIM 技术的下一代建筑工程应用软件研究、勘察设计企业信息化关键技术研究与应用、建筑工程设计与施工过程信息化关键技术研究与应用，以及建筑施工企业管理信息化关键技术研究与应用。

2012 年，住房和城乡建设部印发的《2011—2015 年建筑业信息化发展纲要》指出，"十二五"期间，普及建筑企业信息系统的应用，加快建设信息化标准，加快推进 BIM、基于网络的协同工作等新技术的研发，促进具有自主知识产权软件的研究并将其产业化，使我国建筑企业对信息技术的应用达到国际先进水平。

2012 年 3 月 28 日，中国 BIM 发展联盟成立会议在北京召开。中国 BIM 发展联盟旨在推进我国 BIM 技术、标准和软件协调配套发展，实现技术成果的标准化和产业化，提高企业的核心竞争力，并努力为我国 BIM 的应用提供支撑平台。

2012 年 6 月 29 日，由中国 BIM 发展联盟、国家标准《建筑信息模型应用统一标准》编制组共同组织、中国建筑科学研究院主办的中国 BIM 标准研究项目发布暨签约会议在北京隆重召开。中国 BIM 标准研究项目的实施计划为《建筑信息模型应用统一标准》的最后制定和施行打下了坚实的基础。

住房和城乡建设部印发的《关于推进建筑信息模型应用的指导意见》，对加快 BIM 技术应用的指导思想、基本原则、发展目标、工作重点、保障措施等做出了更加详细的阐述和更加具体的安排。文件要求，到 2020 年末，建筑行业甲级勘察、设计单位，以及特级、一级房屋建筑工程施工企业应掌握并实现 BIM 与企业管理系统和其他信息技术的一体化集成应用。

住房和城乡建设部于 2016 年 12 月发布公告，批准《建筑信息模型应用统一标准》

为国家标准，编号为 GB/T 51212—2016，自 2017 年 7 月 1 日起实施。

2.科研机构、行业协会等推动 BIM 的集成应用

2004 年，中国首个建筑生命周期管理实验室在哈尔滨工业大学成立。之后，清华大学、同济大学、华南理工大学在 2004 年至 2005 年先后成立了 BIM 实验室或 BIM 课题组，国内先进的建筑设计团队和房地产公司也纷纷成立 BIM 技术小组。

2010 年 1 月，中国勘察设计协会与欧特克软件（中国）有限公司联合举办了"创新杯"——建筑信息模型（BIM）设计大赛，推动建筑企业更广泛、更深入地应用 BIM 技术。

2011 年，华中科技大学成立 BIM 工程中心，成为首个由高校牵头成立的专门从事 BIM 研究和专业服务咨询的机构。

2012 年 5 月，全国 BIM 技能等级考评工作指导委员会成立大会在北京召开，会议颁发了全国 BIM 技能等级考评工作指导委员会委员聘书。

3.行业需求推动 BIM 的发展应用

目前，我国正在进行大规模的基础设施建设，工程结构形式愈加复杂，超型工程项目层出不穷，使项目各参与方都面临着巨大的投资风险、技术风险和管理风险。要从根本上解决建筑生命周期各阶段和各专业系统间的信息衰减问题，就要应用 BIM 技术，实现从设计、施工到建筑全生命期的管理，全面提高信息化水平和应用效果。大型工程项目对 BIM 的应用与推广引起了设计、施工等相关企业的高度关注，也必将推动 BIM 技术在我国建筑业的发展和应用。

（二）BIM 在我国发展的障碍

我国的建筑行业从 2002 年以后开始接触 BIM 理念和技术，现阶段国内 BIM 的应用以设计单位为主，发展水平及普及程度远不及美国，整体上仍处于起步阶段，远未发挥出其真正的应用价值。对比中外建筑企业 BIM 发展的关键因素，可发现 BIM 在我国发展的障碍主要有以下几点：

1.缺少完善的技术规范和数据标准

BIM 的应用主要包括设计阶段、建造阶段及后期的运营维护阶段，只有三个阶段的数据实现共享交互，才能发挥 BIM 技术的价值。国内 BIM 数据交换标准、BIM 应用能力评估准则和 BIM 项目实施流程规范等相关设计标准的不统一，使得国内 BIM 的应用或局限于二维出图、三维翻模的设计展示型应用，或局限于设计、造价等专业软件的孤岛式开发，造成行业对 BIM 的应用缺乏信心。

2.BIM 系列软件技术发展缓慢

现阶段，BIM 软件存在一些不足：本地化不够彻底，工种配合不够完善，细节不到位，特别是缺乏本土第三方软件的支持，等等。国内目前基本没有自己的 BIM 概念的软件，鲁班成本测算、广联达云计价等软件仍然是以成本估算为主业的专项软件，而国外成熟软件的本地化程度不高，不能满足建筑从业者技术应用的要求，严重影响了我国从业人员对 BIM 软件的使用满意度。软件的本地化工作，除原开发厂商结合地域特点增加自身功能特色之外，本土第三方软件产品也会在实际应用中发挥重要作用。

3.机制不协调

BIM 应用不仅带来技术风险，而且影响设计工作流程。设计应用 BIM 软件不可避免地会在一段时间内影响到个人及部门利益，并且在一般情况下该设计无法获得相关的利益补偿。因此，在没有切实的技术保障和配套管理机制的情况下，强制单位或部门推广 BIM 并不现实。另外，由于目前的设计成果仍以 2D 图纸表达为主，BIM 技术在 2D 图纸成图方面仍存在着一些细节表达不规范的现象。所以，一方面，应完善 BIM 软件的 2D 图档功能；另一方面，国家相关部门应该适当改变传统的设计交付方式及制图规范，甚至做到以 3D BIM 作为设计成果载体。

4.人才培养不足

建筑行业从业人员是推广和应用 BIM 的主力军，但由于 BIM 学习的门槛较高，尽管主流 BIM 软件一再强调其易学、易用性，但实际上，相对于 2D 设计而言，BIM 软件培训仍有一定难度，对部分设计人员来说，熟练掌握 BIM 软件并不容易。另外，复杂模型的创建，甚至要求建筑师具备良好的数学功底及一定的编程能力，或有相关 CAD 程序工程师的配合，这在无形中提高了 BIM 的应用难度。加上很多从业人员在学习新技术方面的能力和意愿不足，严重影响了 BIM 的推广应用，并且国内 BIM 培训体系不完善，实际培训效果也不理想。

5.任务风险

我国普遍存在着项目设计周期短、工期紧张的情况，BIM 软件在初期应用过程中，不可避免地会存在技术障碍，这有可能导致设计单位无法按期完成设计任务。

6.BIM 技术支持不到位

BIM 软件供应商不能对客户提供长期而充分的技术支持。在通常情况下，最有效的技术支持是在良好的、具有一定规模的应用环境下，使客户之间能够相互学习，而应用环境的形成需要时间。各设计单位应建立自己的 BIM 技术中心，以确保本单位获得有效的技术支持。对于一些实力较强的设计院所，应率先实现这一目标。在越来越强调分工协作的今天，BIM 技术中心将成为必不可少的保障部门。

（三）BIM 在我国发展的建议

BIM 被认为是一项能够突破建筑业生产效率低和资源浪费严重等难题的技术，是目前世界建筑业最关注的信息化技术。当前，国内各类 BIM 咨询企业、培训机构及行业协会越来越重视 BIM 的应用价值，国内一些建筑设计单位纷纷成立 BIM 技术小组，积极开展建筑项目全生命周期的 BIM 研究与应用。

1.政府方面

从政府方面来说，需要关注两方面的工作。一是营造公平、公正的市场环境，在市场发展不明朗的时候，标准和规范应该缓行。在制定标准、规范时，应总结成功案例经验，否则制定的标准反而会引发一些问题。目前的市场情况是，BIM 在设计阶段应用得较多，在施工阶段应用得相对较少，在运营维护阶段的应用则几乎没有。如果过早地制定标准、规范，那么反而会影响市场的正常运转，或者导致规范和标准无人理会。另外，在制定标准和规范的过程中，负责人不应来自有利害关系的商业组织，而应来自比较中立的高校、行业协会等。只有做到组织公正、流程公正，才可能做到结果公正。二是积极应用和推广 BIM。对于政府投资和监管的一些项目，可以率先尝试应用 BIM，真正体验 BIM 技术的价值。对于进行 BIM 应用和推广的企业和个人，可以设立一些奖项进行鼓励。BIM 如何影响行业主管部门的职能转变，取决于市场和政府两方面的态度。政府如果想要市场有更大的话语权，就需要慎行。

2.企业方面

企业在 BIM 发展中的责任最大，需要从三个方面来推进。一是要积极进行 BIM 应用实践。要积极尝试，但不宜大张旗鼓、全方位地应用，可以在充分了解几家主流 BIM 方案的基础上，从选择一个小项目或一个大项目的某几个应用开始。二是总结、制定企业的 BIM 规范。制定企业规范比制定国家标准容易，可以根据企业的情况不断改进，在试行一两个项目后，制定企业规范。当然，在 BIM 咨询公司的帮助下制定的规范会更加完善。三是制定激励措施。新事物带来的不确定性和恐惧感会让一部分人产生消极情绪和抵触情绪，因此可以在企业内部鼓励员工尝试新事物，奖励应用 BIM 的个人和组织。

另外，软件企业的责任同样重大。软件企业不能急功近利，而应真正把产品做好，正确地引导客户，提供真正有价值的产品，不能只顾挣"快钱"。这样，BIM 才可以持久、深入地发展，对软件企业的回报也会更大。

第五节 BIM 协同设计与可视化技术

一、BIM 协同设计

在传统的 CAD 设计过程中，设计工作者脑海中所构思的是建筑的三维形式，最终的设计结果也是对建筑三维形式的表达。但由于受到技术的限制，设计的主要方法是选择二维的图形并配以文字来传递实际建筑的三维信息。随着技术的进步和发展，目前在设计阶段，已经实现了建筑信息的三维表达形式，或基于初期阶段的 BIM 技术实现了建筑设计信息的数字化表达，但许多设计者仍选择用二维图形和文字来传递设计信息。

（一）协同设计的基本内涵

协同设计的雏形是通过建筑设计企业的管理平台，由企业技术负责人基于业主的要求，召集不同专业的设计人员，定期召开商讨会议，或通过多媒体投影介绍各自专业的工作现状，现场解决和协调各专业的矛盾。这种会议在一项工程的设计阶段一般会召开多次，直至项目设计工作顺利完成。

随着计算机技术的发展和信息集成技术在建筑业中的应用，产生了较为先进的协同设计，即通过数据线将不同专业的设计者聚集在一起，在同一时间内完成某项工程的设计任务。

最先进的协同设计是通过中间数据管理平台，集成协同设计的不同专业的设计数据信息，并通过共享所建立的中间数据信息模型进行协同工作。这种协同设计的技术核心是建立不同专业信息表达的统一标准（如 IFC 标准），通过这个统一标准，实现信息的交流和共享。

协同设计可以分为狭义协同设计和广义协同设计两种。

狭义协同设计是指企业内部集成不同专业之间共享数据信息的一种设计实践。对于狭义协同设计，目前在不同的建筑设计企业内部已经实现。从技术角度来说，企业内部可以充分整合设计资源，进行统一管理，因此对于促进企业内部的狭义协同具有重要的推动作用。当前，国内外大多数建筑设计企业和软件公司所推出的协同设计平台，均属于狭义协同设计领域。

广义协同设计是指不同建筑设计企业或软件公司之间能够共享数据信息，共同进行某项工程设计工作的一种实践。目前，协同设计的难点就在于广义协同设计的实现，怎样实现不同企业之间数据信息的交换和共享，并制定相应的信息集成机制，这也成为研究人员需要解决的技术难点。20 世纪 90 年代中期，IFC 标准的建立，以及 21 世纪初面向建筑全生命期 BIM 技术的应用和推广，对于推动广义协同设计实践的发展具有极其重要的作用。

（二）BIM 促进协同设计的发展

BIM 是数字技术在工程中的直接应用，用来解决工程产品信息在软件中的描述问题，使设计人员和工程技术人员能够对各种信息做出正确的应对，为协同工作提供坚实的基础。单从协同设计的角度来看，由于 BIM 是一种基于三维模型所形成的信息数据库，所以它在技术上更适合协同工作的模式。甚至可以这样说，BIM 和协同设计是密不可分的，因为 BIM 使各专业基于同一个模型平台进行工作，从而使真正意义上的三维集成协同设计成为可能。同时，由于 BIM 可以应用于工程项目的全生命期，所以为设计企业、施工企业、开发商、物业管理公司，以及各相关单位之间的合作，提供了良好的协同工作基础。同时，BIM 不仅给设计人员提供了一个三维实体信息模型，而且提供了材料信息、工艺设备信息、进度及成本信息等，这些信息的引入，使各专业均可以采用 BIM 的数据进行计算分析或者统计，使各专业间的协同达到更高的层次。BIM 信息模型的创建过程，是对工程生命期数据和信息进行积累、扩展、集成与应用的过程，目的是为工程生命期信息管理而服务。

BIM 可以优化工程生命期的信息管理，保证信息在从一个阶段传递到另一个阶段的过程中不会发生流失，减少信息歧义和信息不一致的情况发生。建立一个面向工程生命期的 BIM 信息集成平台，需要具体解决体系支撑、技术支撑、数据支撑和管理支撑四个方面的技术问题。

在 BIM 促进协同设计的过程中，获取的信息有两种：一种是在协同过程中由平台传输的，为设计人员所被动接收的信息，如下游专业参照了上游专业的设计信息，当上游专业修改设计信息时，协同设计平台将促使下游专业修改参照内容；另一种是由设计人员自己主动得到的信息，如上游专业将设计资料置于设计管理平台，下游专业从平台获取资料。其实，在设计实践中，获取的信息往往同时包含以上两种。

二、BIM 可视化

（一）可视化技术

可视化技术可以简略地定义为通过图形的表现形式，进行信息传递、表达的技术。虽然当前的可视化一般是指利用计算机图形学和图像处理分析技术，将各种数据依据其特点转换为相应的图形图像，并提供界面实现人机交互工作，但是早在计算机发明之前，可视化就已为人类所广泛应用。从医学教科书中人们用素描刻画复杂的人体器官的形状和相互之间的空间关系，到科学家用各类曲线总结表示大量实验的结果并归纳出其内在规律，无不是可视化的具体案例。随着计算机的发明和计算技术的快速发展，特别是计算机图形学的创立和繁荣，人们可以使用前所未有的手段，以图形化的形式，表现和刻画人类世界，探索未知的领域，获得新的知识。

现代意义上的可视化源自计算机技术的发展，数量日益庞大的数据使得人们不得不寻求新的、更为精密复杂的可视化算法和工具。1986 年，美国国家科学基金会主办了一次名为"图形学、图像处理及工作站专题讨论"的会议，旨在针对那些开展高级科学计算工作的研究机构，提出关于图形硬件和软件采购方面的建议。图形学和视频学技术方法在计算科学方面的应用，在当时乃是一个新的领域。上述专题组成员把该领域称为"科学计算之中的可视化"，该专题组认为，科学可视化乃是正在兴起的一项重大的基于计算机的技术，需要美国政府的大力支持。

1990 年，在美国加利福尼亚州的圣弗朗西斯科举行的首届电气和电子工程师协会

（Institute of Electrical and Electronics Engineers，IEEE）可视化会议上，初次组建了一个由各学科专家组成的学术群体，标志着可视化作为独立学科的形成。作为可视化的另一个分支，信息可视化兴起稍晚，首届 IEEE 信息可视化会议于 1995 年在美国佐治亚州亚特兰大举办。

可视分析则是近年来新兴的通过交互可视界面分析、推理和决策的交叉学科，是科学可视化和信息可视化的新发展。可视分析发展迅速，自 2006 年起便有了独立的会议。

需要注意的是，由于可视化发展的传统，以上三个方向，即科学可视化、信息可视化和可视分析的 IEEE 年会，每年都在一起举行。如前所述，可视化的三个方向密切相关，同时又各有特点，各有其研究内涵与外延。

在计算机图形学中，渲染是指利用计算机程序，依据模型生成图像的过程。其中，模型是采用严格定义的语言或数据结构而对于三维对象的一种描述，在这种模型中，一般都会含有几何学、视角、纹理、照明，以及阴影方面的信息，渲染所产生的图像则是一种数字图像或位图（又称光栅图）。在计算机图形学中，"渲染"一词可能是对艺术家渲染画面场景的一种类比。另外，渲染还用于描述为了生成最终的视频输出而在视频编辑文件之中计算效果的过程。表面渲染又称为表面绘制，而立体渲染又称为体渲染、体绘制或者立体绘制，指的是一种用于展现三维离散采样数据集的二维投影的技术方法。在通常情况下，这些图像都是按照某种规则、模式（例如每毫秒一层）而采集和重建的。因而，在同样的规则、模式下，这些图像都具有相同的像素数量。这些是关于规则立体网格的例子，其中每个立体元素或者说体素分别采用单独一个取值来表示，而这种取值是通过在相应区域采样而获得的。

在制造业中，通过 3D CAD 软件，设计者不仅可以设计出产品的三维形状和拓扑关系，而且可以体现零件的装配次序。应用有限元分析软件，可以模拟产品的各种性能，通过对分析结果进行处理，实际上就是通过可视化，显示出产品在承担载荷时的应力应变；通过数字化工厂仿真技术，可以对整个车间和生产线的布局进行仿真，并可以进行人机工程仿真；通过应用三维轻量化技术，可以建立立体的、互动式的、多媒体的产品使用与维修手册。虚拟现实技术能使人们进入一个三维的、多媒体的虚拟世界，并在汽车、飞机等复杂产品的设计和使用过程中得到广泛的应用。

（二）BIM 可视化的应用

1.设计趋于可视化

就设计可视化的表现来说，BIM 本身就是一种可视化程度比较高的工具。由于 BIM 包含了项目的几何、物理和功能等完整信息，可以直接从 BIM 模型中获取需要的几何、材料、光源和视角等信息，因此不需要重新建立可视化模型。可视化的工作资源可以集中到提高可视化效果上来，而且可视化模型可以随着 BIM 设计模型的改变而动态更新，保证可视化与设计的一致性。BIM 信息的完整性以及与各类分析计算模拟软件的集成，拓展了可视化的表现范围，如 4D 模拟、突发事件的疏散模拟和日照分析模拟等。

2.节能分析可视化

在建筑业可持续发展的时代，绿色建筑是特别值得倡导的理念。绿色建筑是指在建筑的生命期内最大限度地节约资源（节能、节地、节水、节材等），保护环境和减少污染，为人们提供健康、适用和高效的使用空间，与自然和谐共生的建筑。推广与发展绿色建筑的重要性不言而喻，绿色建筑是建筑业由传统的高消耗型发展模式转向高效绿色型发展模式的必经之路。

3.虚拟施工

虚拟施工，即在融合 BIM、虚拟现实、可视化和数字三维建模等计算机技术的基础上，对建筑的施工过程预先在计算机上进行三维数字化模拟，真实展现建筑施工步骤，避免建筑设计中"错、漏、碰、缺"等现象的发生，从而进一步优化施工方案。利用 BIM 技术建立建筑的几何模型和施工过程模型，可以对施工方案进行实时、交互和逼真的模拟，进而对已有的施工方案进行验证和优化操作，逐步替代传统的施工方案编制方法。通过对施工过程进行三维模拟重现，能随时发现在实际施工中可能遇到的问题，提前避免或减少返工和资源浪费现象，从而优化施工方案，最终提高建筑施工效率和品质。

运用 BIM 三维模型技术，可以建立用于进行虚拟施工、施工过程控制和成本控制的施工模型，并结合可视化技术，实现虚拟建造。

通过 BIM 获得的准确的工程量统计，可以用于成本测算、在预算范围内不同设计方案的经济指标分析、不同设计方案工程造价的比较，以及在施工开始前的工程预算和施工过程中的结算等。

4.智慧城市

不同技术间的融合和兼容将是智慧城市建设者需要优先考虑的问题，将 BIM 与 GIS 相结合，将为智慧城市的建设带来新的思路和方法。为了满足居民和城市发展的需求，城市正在急速扩张，城市的信息系统越来越复杂、精细，城市的发展会历经"城镇—城市—数字城市—智慧城市"的过程。智慧城市将是一系列成熟技术的融合，不仅包含精准的城市三维建模，而且包含发达的城市传感网络、实时的城市人流监控等。有了精确的采集手段，便可以通过 GIS 平台存储、实时显示，以及分析数据，再通过短信、彩信等方式，及时通知公众。智能的应用程序需要测量城市中的资源流动，当然，在任一情况下，传感网络都需要以开放的标准，来实现不同系统间灵活的、点对点的交互，以实现信息的采集、分析和发布。

第三章 绿色施工与 BIM

第一节 绿色施工

一、绿色施工目标

（一）质量目标

严格依据国家强制性规范去设计图纸及指导施工，使建筑产品能达到国家规定的质量验收标准。

（二）工期目标

对合同要求的工期进行分解，依据施工公司的成功案例，在达到质量和安全标准的前提下，确保自身成本，并在严格按照施工工艺流程进行的情况下，按照合同工期完成。

（三）安全目标

在施工过程中，不间断地对所有参与人员进行安全教育，及时发现危险源，进行动态管理，并对现场人员进行国家安全生产法律法规培训，避免发生安全事故。

（四）文明施工目标

严格按照《建筑施工安全检查标准》（JGJ59—2011）的要求，达到文明工地标准。

（五）环境保护目标

根据国家及地方政府制定的环境保护法律法规要求，严格要求施工单位对周边环境负责，防止"三废"污染环境。

二、绿色施工管理措施

绿色建筑技术是现代工程建设的一种创新技术，表现在相应的节能、节地、节水、节材和环境保护（以下简称"四节一环保"）等方面。

（一）节能措施

1.设备与机具

应及时做好施工机械设备的维修保养工作，使机械设备保持低耗、高效状态；选择功率与负载相匹配的施工机械设备；在进行机电安装时，可采用逆变式电焊机和低能耗、高效率的手持电动工具等节电型机械设备；在施工现场，可对已有塔吊、施工电梯、物料提升机、探照灯及零星作业电焊机，分别挂表计量用电量，进行用电量统计和分析。

2.生产、生活与办公临时设施

对于生产、生活与办公临时设施，其布置应以南北朝向为主，采用一字型布置，以获得良好的日照、采光和通风。对于临时设施，应采用节能材料，对于墙体和屋面，应使用隔热性能好的材料。要合理布置办公室，两间办公室可设成通间，以减少夏天空调、冬天取暖设备的数量和使用时间，降低能源消耗。可在现场办公区、生活区，开展节电评比，强化职工的节约用电意识。

（二）节地措施

①根据工程特点和现场场地条件等因素，合理布置临时建筑，各类临时建筑的占地面积应按用地指标所需的最低面积设计。

②对深基坑施工方案进行优化，减少土方开挖量和回填量，保护周边自然生态环境。

③对于施工现场、材料仓库、材料堆场、钢筋加工厂和作业棚等，应靠近现场临时交通线路，以缩短运输距离。

④对于临时办公室和生活用房，可采用双层轻钢制活动板房。

⑤在设置项目部时，可用绿化代替场地硬化，以减少场地硬化面积。

（三）节水措施

1.用水管理

现场按生活区、生产区分别布置给水系统：生活区用水管网为 PPR 管（三型聚丙烯管）热熔连接，主管直径为 50 mm、支管直径为 25 mm，在各支管末端设置半球阀龙头；生产区用水管网为无缝钢管焊接连接，主管直径为 50 mm、支管直径为 25 mm，在各支管末端设置旋转球阀龙头。

2.循环用水

利用消防水池或沉淀池，收集雨水和地表水，将其作为施工生产用水。

3.节水系统与节水器具

采用节水器具，进行节水宣传；现场按照"分区计量、分类汇总"的原则布置水表；对于现场水平结构混凝土，采取覆盖薄膜的养护措施，对于竖向结构混凝土，采取刷养护液的养护措施，杜绝无措施浇水养护；对已安装完毕的管道进行打压调试，采取从高到低分段打压的方式，并利用管道内已有的水进行循环调试。

（四）节材措施

1.结构材料

优化钢筋配料方案，采用闪光对焊、直螺纹连接形式，利用钢筋尾料制作马凳、土支撑、篦子等；密肋梁箍筋由专业厂商统一加工配送；对于加强模板工程的质量控制，避免因拼缝过大导致胀模，从而浪费混凝土；废旧模板再利用；合理制订混凝土供应计划，加强对施工过程的动态控制，将余料制作成垫块和过梁。

2.围护材料

加强砌块的运输、转运管理工作，要求工人轻拿轻放，以减少损失；在墙体砌筑前，先摆干砖确定砌块的排版和砖缝，避免出现小于 1/3 整砖和在砌筑过程中随意裁砖而产生浪费现象；对于加气混凝土砌块，必须采用手锯开砖，以减少对砖的破坏。

3.装饰材料

在施工前，应做好总体策划工作，通过排版尽可能地减少非整块材料的数量；严格按照先天面（顶部）、再墙面、最后地面的施工顺序组织施工，避免由于工序颠倒而造成的饰面污染或破坏；根据每班施工用量和施工面实际用量，采用分装桶取用油漆、乳胶漆等液态装饰材料，以避免这些装饰材料开盖后发生变质或产生交叉污染；对于工程使用的石材、玻璃、木材等装饰用料，项目管理人员要提供具体尺寸，由供货厂家加工供货。

4.周转材料

对于现场的旧模板、木材等，可用于楼层洞口硬质封闭、钢管爬梯踏步铺设，对于废料，可由专业回收单位回收；对于结构为满堂架的支撑体系，可采用管件合一的碗扣式脚手架；对于密肋梁板结构体系，可采用不可拆除的一次性模壳代替木模板进行施工，以减少木材的使用；在地下室外剪力墙的施工过程中，应采用可拆卸的三段式止水螺杆代替普通的螺杆；对于室外电梯门及临时性挡板等设施，应实现工具化、标准化，以便周转使用。

（五）环境保护措施

绿色施工中的环境保护包括减少施工污染、控制废气排放与扬尘，噪声与振动污染控制，土地资源保护，光污染控制，水污染控制，建筑垃圾控制等。

1.减少施工污染、控制废气排放与扬尘

废气排放和扬尘是大气环境污染和环境质量下降的主要原因，因此有必要对建筑施工过程中的废气排放和扬尘进行控制。为了实现绿色建筑的废气排放控制，需要建立完善的喷头清洗系统，配备全方位的喷头设备与专门的人员操作喷头。针对施工车辆、机械设备等产生的污染，应采用及时、可行的解决措施，以达到减少废气排放的目的，如选择清洁燃料、采用高效的燃料添加剂或安装废气净化装置等，使施工现场的车辆和机械设备保持良好、稳定运行，减少废气排放。

粉尘也是影响施工现场环境质量的重要指标。首先，在使用施工工具、设备和建筑材料的过程中，应采取密封措施，确保运输物品不会泄漏，并确保交通工具的清洁。此外，在施工现场出入口，应设置洗车池，避免车辆运输作业造成污染。其次，在土方施工作业中，应采用覆盖或现场洒水的方式，来实现对扬尘的控制。一般情况下，在绿化

施工区域，扬尘高度应控制在 1.5 m 以内，严禁向施工现场外蔓延。此外，对于施工现场易产生粉尘堆积的材料，应采取相应的覆盖措施。对于绿色施工中需要使用的粉状材料，在储存时，应特别注意，需要进行合理的封闭处理。将建筑垃圾运出施工现场时，也可能产生粉尘，因此有必要进行除尘处理，如洒水处理等。减少施工污染、控制废气排放与扬尘的具体措施如下：

（1）施工现场应形成环形道路，路面宽度应大于等于 4 m。

（2）场区车辆限速 25 km/h。

（3）安排专人负责现场临时道路的清扫和维护，自制洒水车降尘或喷淋降尘。

（4）在场区大门处设置冲洗槽。

（5）每周对场区大气总悬浮颗粒物浓度进行检测。

（6）对于土石方运输车辆，应采用带液压升降板、可自行封闭的重型卡车，并配备帆布，作为车厢体的第二道封闭措施；对于施工现场的木工房、搅拌房，应采取密封措施。

（7）根据主体结构施工的进度，在建筑物四周，采用密目安全网，实行全封闭。

（8）对于建筑垃圾，应用袋装密封，防止其在运输过程中产生粉尘。对模板等进行清理时，应采用吸尘器等工具。

（9）对于水泥、腻子粉、石膏粉等袋装粉质原材料，应设密闭库房，在其下车、入库时，应轻拿轻放，避免扬尘。

（10）对于零星使用的砂、碎石等原材料堆场，应用废旧密目安全网或混凝土养护棉等覆盖，避免起风扬尘。对于现场筛砂场地，采用密目安全网半封闭，尽可能地避免起风扬尘。

2.噪声与振动污染控制

在绿色施工过程中，应严格按照我国的有关规定，有效控制建筑施工噪声，以免影响施工场地周边居民的生活。要实现绿色施工，首先，应采取国家标准规定的噪声测量方法，对施工现场进行全面监控，以确保施工噪声在合理的范围内。其次，在绿色施工中，应尽量选用一些低振动或低噪声的施工设备，并针对不同的施工环节，增加相应的隔声作业，以减少噪声污染。其具体措施如下：

（1）合理选用推土机、挖土机、自卸汽车等内燃机机械，保证机械既不超负荷运转，又不空转，平稳、高效运行。采用低噪声设备。

（2）场区禁止车辆鸣笛。

（3）每天选取三个时间点，对场区噪声进行监测。

（4）对于施工现场的木工房，应用双层木板封闭，对砂浆搅拌棚设置隔声板。

（5）在混凝土浇筑时，禁止震动棒空振、卡钢筋振动或贴模板外侧振动。

（6）对混凝土后浇带、施工缝等剔凿，尽量使用人工，减少风镐的使用。

3.土地资源保护

在建筑工程绿色施工中，要综合考虑施工对地表环境的影响。在施工中，要避免水土流失问题。针对施工现场裸露的土壤，施工人员应及时用碎石覆盖或在裸露的土壤中种植一些生长迅速的草。针对水土流失严重的施工现场，应合理设置地表排水系统，并对土坡位置进行有效固定，采用多种方式，减少水土流失。此外，在建筑工地化粪池和沉淀池有溢出或泄漏的情况下，应派专业人员快速处理，及时清除池中的沉淀物，确保沉积物不会影响环境。为保护建筑工程施工现场及周边的环境，对于有毒、有害废弃物的回收，应由具有相关资质的单位进行。

4.光污染控制

光污染也会影响绿色施工作业，施工人员在夜间室外作业时，应重点关注施工现场的照明设备。光污染主要出现在焊接作业中，因此需要采取措施阻断电弧，避免焊接过程中的弧光泄漏。其具体措施如下：

（1）对于夜间照明灯具，应设置遮光罩。

（2）在焊接施工现场四周设置专用遮光布，在焊接材料的下部设置接火斗。

（3）对于办公区、生活区、夜间室外照明，全部采用节能灯具。

（4）对于施工现场的闪光对焊机，除了人工操作一侧外，其余侧面采用废旧模板封闭。

5.水污染控制

建筑施工需要使用大量水，施工单位应严格按照国家污水排放标准和要求建设污水管理控制系统。施工单位应对施工现场的不同类型的污水采取相应的治理措施，并委托具有一定资质的检测单位对污水排放情况进行检测，提交污水排放检测报告。此外，应采取一定措施，保护施工现场的地下水。其具体措施如下：

（1）场区应设置化粪池、隔油池，每月由相关部门清掏一次化粪池，每半月由相关部门清掏一次隔油池。

（2）每月请相关部门对施工现场排放水的水质做一次检测。

（3）对于施工用的亚硝酸盐防冻剂、设备润滑油等，均应放置在库房专用货架上，避免与其他材料混淆、污染水资源。

6.建筑垃圾控制

（1）在施工现场设置建筑垃圾分类处理场，除将有毒、有害的垃圾密闭存放外，还应对混凝土碎渣、砌块边角料等固体垃圾回收分类处理后再次利用。

（2）加强模板工程的质量控制，避免因拼缝过大漏浆、加固不牢胀模等产生混凝土固体建筑垃圾。

（3）提前做好精装修深化设计工作，避免墙体偏位，尽量减少墙、地砖及吊顶板材非整块使用的情况。

（4）在现场建筑垃圾回收站旁，建设简易的固体垃圾加工处理车间，对固体垃圾进行机械破碎处理，然后归堆放置，以备回收利用。

三、绿色施工组织的必要性

（一）建筑业发展的形势

随着人们对环境问题越来越重视，绿色施工作为一种全新的施工模式，被很多国家接受，也是未来世界建筑业发展的趋势。欧美等发达国家在 20 世纪 80 年代就制定了完善的激励及奖励措施，鼓励企业实施绿色施工。我国在绿色施工发展方面相对落后，当前我国经济进入新常态，施工单位只有不断改进技术和管理方法，发展节约型的绿色施工，才能在国内外激烈的市场竞争中占有一席之地。因此，绿色施工能力将成为施工单位在国内外建筑市场立足的决定性因素。

（二）传统施工的不足

首先，传统的建筑工程招投标方式不科学。建设单位在选择施工单位时，往往只看重施工单位的报价，报价低者优先中标，这样使得很多施工单位恶性竞争，降低报价，存在很大的风险。有些施工单位在施工过程中为了能够获得更大的利润，通常会依靠偷工减料来降低成本。在工程交付使用后，质量问题会带来额外的维修成本，相应地，建筑的使用寿命达不到设计要求，这就偏离了节能、环保的原则。

其次，传统的建筑工程施工没有形成一个科学的管理体系。在传统的施工管理中，各个单位之间看似分工明确，实则各自为政，如技术人员只负责技术部分，材料人员只负责材料的采购和分发，各部门与各岗位人员之间缺乏信息共享。

最后，传统的建筑工程施工本身存在很多环保问题，如噪声污染、环境污染等。

四、绿色施工与传统施工组织的不同

（一）组织管理体系不同

在传统的施工组织中，组织管理更看重的是在保证质量基础上的经济效益，虽然也包括一些文明施工的专项措施，但功能单一。施工单位是通过施工质量和其所创造的社会效益展现企业的品牌形象和竞争力的，所以绿色施工组织中的组织管理是一个系统工程，它是一系列绿色施工管理措施及管理目标共同作用的过程，能创造出更大的社会价值。传统的文明施工强调的是广义的绿色施工，并且包括的绿色施工目标较少，只是作为劳务分包的一部分，实施性不强。而在现代的绿色施工管理系统中，有明确的绿色施工目标、任务，以及专门的绿色施工领导小组，并且有绿色施工责任分配制和绿色施工保证措施，与传统的施工组织大有不同。

（二）施工组织设计不同

传统的施工组织设计有文明施工的专项技术内容，但是不具备系统性，落实性较差。而绿色施工组织设计从设计之初就避免了这个问题，从绿色施工方案、绿色施工进度、绿色资源配置等方面全方位地保证了绿色施工的正常进行，并且将施工方案中，对绿色施工的内容进行了细化，分别落实到具体的施工工艺、施工方法中。同时，确定了绿色施工的控制要点，统筹规划了关于污染物的排放、收集、运输、回收再利用，以及处置的全过程。

（三）组织管理效率不同

在确定了绿色施工方案以后，接下来就进入了项目的实施阶段。绿色施工管理的实质就是在绿色施工组织设计的指导下，通过各部门的协调合作，完成绿色施工控制的绿色指标。由于绿色施工管理是一个系统工程，实施管理是全方位的，通过对施工准备、施工策划、工程验收等各个环节的监督与管理，达到对施工管理的动态控制，因此管理的效率更高。

（四）施工组织内容不同

绿色施工组织不是完全脱离传统的施工组织，而是在传统施工组织的基础上，更加突出了"四节一环保"内容。绿色施工总体框架由施工管理、环境保护、节材与材料资源利用、节水与水资源利用、节能与能源利用、节地与施工用地保护六个方面组成，这六个方面涵盖了绿色施工的基本指标，在绿色施工组织中应体现出来。

综上所述，在建筑行业飞速发展的今天，建筑工程施工要实现的不仅仅是经济效益，还有社会效益，要在保证施工质量的基本前提下，提高施工技术环保程度，在施工材料管理、施工现场水资源管理、施工现场土地资源及控制施工废弃排放等方面实现施工技术的绿色环保，重视施工现场周围的环境保护工作，促使我国建筑行业施工质量与社会效益的全面提升。

第二节 绿色施工组织的设计与规划

一、施工方案

施工方案是施工组织设计的核心，在绿色施工组织设计中，应首先编制绿色施工方案。施工方案也是指导现场施工作业的主要技术文件，施工方案的合理性将直接影响工程的成本、工期和质量。施工方案的基本内容包括施工区段、施工顺序、施工方法和施工机械。

（一）施工区段

现代工程项目通常规模较大，施工时间较长，为了达到平行搭接施工、节省时间的目的，需要将整个施工现场分为平面上或空间上的若干个区段，组织工业化流水作业，在同一时间段内安排不同的项目、不同的专业工种在不同区域同时施工。在绿色施工方案中，划分施工区段应满足流水施工的需要，需注意以下几点：

①要综合考虑结构的整体性，尽量利用沉降缝与伸缩缝、平面上有变化处、留槎且不影响质量处等作为施工段的分界线。

②要保证各施工段的工程量大致相等，尽量组织等节拍流水施工，确保劳动组织稳定，保证各班组能连续、均衡地施工，减少窝工现象。

③施工段数与施工过程数应相协调，尤其是在组织层间流水施工过程中，每层的施工段数应大于或等于施工过程数。施工段数不宜过多，也不宜过少，若过多，可能会导致工作面过窄或延误工期，若过少，则无法进行流水施工，导致窝工或机械设备停歇的情况发生。

④分段的大小与机械设备或劳动组织及其生产能力相关，应保证足够的工作面，便于操作和发挥生产效率。

（二）施工顺序

绿色施工方案中施工程序的确定，不仅有技术和工艺方面的要求，而且有组织安排和资源调配方面的考虑。施工顺序可以指施工项目内部各施工区段的相互关系和先后次序，也可以指一个单位工程内部各施工工序之间的相互联系和先后顺序。有关土木建筑（以下简称"土建"）工程施工与设备安装的顺序，在民用建筑中多为"先土建、后设备"。在工业厂房中，为使工厂早日投产，应考虑土建工程与设备安装工程的流水搭接，并依据设备的性质来合理安排两者的施工顺序。一般可采用的方式有：①"封闭式"，即先完成土建部分再进行设备安装，对于普通的机械工业厂房，在完成主体结构部分后即可进行设备安装，对于精密的工业厂房，在完成装饰工程后进行设备安装。②"敞开式"，在完成工艺设备的安装后再建造厂房，尤其是重型工业（如冶金、电力等）厂房，多采用这种方法。③土建工程与设备安装工程同时进行，按照房屋各分部工程的施工特点，一般分为地下工程、主体结构工程、装饰与屋面工程三个阶段。

（三）施工方法和施工机械

选择合适的施工方法和合理的施工机械，是制定绿色施工方案的关键。在建设工程项目施工过程中，可采用不同的方法进行施工，不同的施工方法有其各自的优点和缺点。在若干可能实现的施工方法中，应选择适用于具体工程的先进、合理、经济的施工方法，以达到降低工程成本和提高劳动生产率的预期效果。选择施工方法是就工程的主体施工项目而言的,在进行这项工作时,要注意抓住关键,突出重点。凡是采用新工艺、新技术的环节,对于影响施工质量的关键项目,或是技术复杂、工人操作不够熟练的工序,均应详细、具体地确定施工方法。反之,对于按照常规做法就能保证施工质量或者工人较为熟练的分项工程,则不必详述。

确定好了施工方法之后,要按照一定的程序选择施工机械,应首先选择主导工程的机械,然后根据建筑特点及材料构件种类配备辅助机械,最后确定与施工机械相配套的专用工具设备。例如,在选择垂直机械时,可以根据标准层垂直运输量编制垂直运输量表,然后选择机械数量和垂直运输方式,再确定水平运输方式和机械数量,最后确定运输设施的位置和水平运输路线。

二、施工平面图

施工总平面图是施工组织总设计的重要组成部分。现在,对于许多大型建设项目,由于施工工期较长或受场地所限,施工现场面貌随工程进度而不断发生变化,因此在绿色施工组织设计中,应充分考虑施工现场面貌的动态变化,按照不同阶段,及时调整和修正施工总平面图,以满足不同阶段的施工需要。

单位工程施工平面图是单位工程施工组织设计的重要组成部分,其绘制比例一般比施工总平面图的比例大,内容更具体、详细,但是会受到施工总平面图的制约。

绿色施工平面图设计的原则有以下几点:

①尽量减少施工用地面积,尽量利用山地、荒地、空地。

②尽量降低临时运输费用,合理布置仓库、附属企业和运输道路,使仓库等尽量靠近需求中心,以减少二次搬运,选择合理的运输方式。

③尽量降低临时设施的维修费用。充分利用各种永久建筑、管线、道路,利用尚未拆除或暂缓拆除的原有建筑物。

④合理布置保障工人生活的临时设施,居住区至施工区的距离应尽量近。

⑤应满足技术安全和防火要求,合理规划易燃物仓库、消防设施等的位置,保证生产安全,避免道路交叉。

⑥在改建、扩建工程的施工中,应尽量使企业生产与工程施工互不妨碍。

三、施工进度计划

施工进度计划是工程组织方为实现一定的施工目标而采用科学的方法对未来进行预测的一种施工方案。它是施工过程中时间序列与作业进程之间相互衔接的一种结果，是在确定一定的施工目标后，在施工工期和各项资源（如劳动力、材料物资、技术物资等）供应的基础上完成一定的工程任务。因此，绿色施工组织设计要解决三个基本问题：一是确定施工组织目标；二是确定达到工程目标所需要的时间；三是确保建设工程所需要的各种资源。

四、资源供应计划

建筑工程的施工过程也是资源消耗的过程，在绿色施工组织设计中，应当注意合理地使用资源，尽可能地节约资源，以实现各项资源的优化配置。通过对各种资源，如劳动力、设备材料、施工装备、能源、资金等的合理配置，更好地实现项目施工目标。资源供应计划包括拟投入的主要物资计划、拟投入的主要施工机械计划、劳动力安排计划等。在实际工作中，应当充分利用有限的资源进行资源优化配置，一方面，可以保证施工计划的顺利实施；另一方面，也可降低工程成本，提高投资效益。在绿色施工组织设计中，编制资源需求计划，可以按照以下步骤进行：

第一，根据设计文件、施工方案、工程合同、技术措施等计算或套用定额，确定各分部、分项的工程量。

第二，套用相关资源消耗定额，并结合工程的特点，求得各分部、分项工程对各类资源的需求量。

第三，根据已确定的施工计划，分解各个时段内的各种资源需要量。

第四，汇总各个时段内各种资源的需要量，形成各类资源的总需求量，并以曲线或者表格的形式表达。

第三节 绿色施工组织的管理标准化

一、标准化方法确立的基本原则

（一）与施工单位现状相结合

绿色施工组织与管理标准化方法的确立基础是施工单位的流程体系。施工单位流程体系是在健全的管理制度、明确的责任分工、严格的执行能力、规范的管理标准、积极的企业文化等基础上形成的，因此确立标准化的绿色施工组织与管理方法，必须依托正规的特大或大型建筑施工单位，这类单位往往具有管理体系明确、管理制度健全、管理机构完善、管理经验丰富等特点，且单位所承揽的工程项目数量较多，实施标准化管理能够产生较大的经济效益。

（二）以企业岗位责任制为基础

绿色施工组织与管理的标准化方法应该是一项重要的企业制度，其形成和实施均依托施工单位的相关管理机构和管理人员。作为制度化的运行模式，标准化管理不会因机构和管理岗位人员的变化而产生变化。因此，绿色施工组织与管理标准化方法应在施工单位管理机构和管理人员的岗位、权限、角色等基础上确立。

（三）通过多管理体系融合确保标准落地执行

绿色施工组织与管理标准化不仅仅指绿色施工的组织和管理，与传统建筑工程施工相同的工程质量管理、工期管理、成本管理、安全管理等也是绿色施工管理的重要组成部分。在确定绿色施工组织与管理标准化方法的同时，应充分考虑质量、安全、工期、成本等要素，将由各种目标调控的管理体系、保障体系与绿色施工管理体系相融合，以实现工程项目建设的总体目标。

二、组织机构与目标管理

（一）组织机构

在设置施工组织机构时，应充分考虑绿色施工与传统施工的组织管理差异，结合工程的总体目标，进行组织机构设置，要针对"四节一环保"设置专门的管理机构，将责任落实到人。绿色施工组织机构一般实行三级管理，即领导小组管理、工作小组管理、操作层管理。领导小组一般由公司领导组成，其职责主要是从宏观上对绿色施工进行策划、协调、评估等；工作小组一般由分公司领导组成，其主要职责是组织实施绿色施工、保证绿色施工各项措施的落实、进行日常的检查考核等；操作层则由项目管理人员和生产工人组成，主要职责是落实绿色施工的具体措施。

（二）目标管理

在我国不同的历史发展时期，由于社会经济发展的客观条件不同，对建筑工程施工目标提出的要求存在差异。在中华人民共和国成立初期，建筑工程施工目标主要从质量、安全、工期三个方面考虑；在改革开放初期，建筑工程施工目标在质量、安全、工期三者的基础上增加了成本控制，且随着市场经济的深入发展，成本控制目标逐渐成为最主要的目标之一。在绿色施工出现以后，我国的建筑工程施工目标也随之发生了变化，环境保护目标成为重要的施工目标之一。

绿色施工应明确"四节一环保"的具体目标，并结合工程创优制定工程总体目标。"四节一环保"的具体目标主要体现在施工工程中的能源消耗方面，一般包括建设项目能源总消耗量或节约百分比、主要建筑材料损耗率或比定额损耗率节约百分比、施工用水量或节约百分比、临时设施占地面积有效利用率、固体废弃物总量及固体废弃物回收再利用百分比等。这些具体目标往往采用量化的方式进行衡量，在计算百分比时，可以根据施工单位之前做过的类似工程的情况来确定基数。在具体施工目标确定以后，应根据工程的实际情况，按照"四节一环保"要求，进行具体施工目标分解，以便控制施工过程。建设工程的总体目标一般指各级各类工程创优目标，将工程创优确定为总体目标，不仅是绿色施工项目自身的客观要求，而且与建筑施工单位的整体发展密切相关。绿色施工工程创优目标应根据工程的实际情况进行设定，对于规模较大、结构较为复杂的建筑工程，也可制定各级优质工程等目标，目标的确立，有助于统一施工人员思想、激发施工人员干劲，产生积极影响。

三、绿色施工人员培训及信息管理

（一）绿色施工人员培训

对于绿色施工人员的培训，应该制订培训计划，明确培训内容、时间、地点、负责人及培训管理制度。

（二）绿色施工信息管理

信息管理是绿色施工的重点内容，实现信息化施工是推进绿色施工的重要措施。绿色施工比较重视对施工过程中的各类数据、图片、影像等的收集与整理，这与绿色施工示范工程的评选办法密切相关。我国《全国建筑业绿色施工示范工程申报与验收指南》明确规定，在验收绿色施工示范工程时，施工单位应提交绿色施工综合性总结报告，在报告中，应对绿色施工组织与管理措施进行阐述，应综合分析关键技术、方法、创新点等在施工过程中的应用情况，详细阐述"四节一环保"的实施成效，并提交绿色施工过程相关证明材料，其中，证明材料应包括反映绿色施工的文件、措施图片、绿色技术应用材料等。除了评审的外部要求以外，企业在实施绿色施工的过程中，要做好相关信息的收集整理和分析工作，这也是促进企业积累绿色施工组织与管理经验的过程。例如，通过对施工过程中产生的固体废弃物的相关数据进行收集，可以量化固体废弃物的回收情况，通过计算分析，能够确定设置的绿色施工具体目标能否实现，也可为今后其他同类工程的绿色施工提供参考和借鉴。

四、绿色施工管理流程

管理流程是绿色施工规范化管理的前提和保障，科学、合理地制定管理流程，是企业或项目各参与方的责任和义务，是绿色施工管理流程的核心内容。在采用具体管理流程时，可根据工程项目和企业机构设置的不同，对流程进行调整。

第四节 绿色 BIM

一、BIM 技术的引入

建筑信息模型是一项全新的思维方式和技术模式，受到建筑行业的高度重视。通过 BIM 技术，实现建筑项目各个阶段的信息管理与集成，对建筑单体及群体进行性能模拟并分析处理，可提高经济效益与环境品质。2011 年，"十一五"国家科技支撑计划重点项目"现代建筑设计与施工关键技术研究"已经明确提出要深入应用 BIM 技术，完善协同工作平台，以提高工作效率、生产水平与质量。我国住房和城乡建设部在建筑业"十二五"发展规划中明确，要坚决支持在建筑行业中普及 BIM 协同工作等相关技术。

二、BIM 技术对绿色建筑的意义

（一）建立三维立体模型，可有效提高建筑能源的利用率

大量应用实例表明，在建筑工程施工中应用 BIM 技术，可以把工程项目所有的信息和数据统一汇总到 BIM 软件上，形成三维立体建筑模式，然后根据建筑工程的实际情况和使用功能，制定出与之相适的设计方案、材料使用方案、能源消耗量等，从而可以对建筑工程的各项施工进行全方位、全过程的综合指导，既能在很大程度上提高施工质量，又能避免设计失误，引发不必要的工程更改。

（二）应用 BIM 可视化软件，降低建筑建模的工作量

大量工程实例表明，建模模型和实物的吻合度，是衡量建筑工程设计方案质量的主要标准。通过 BIM 可视化软件，能在很大程度上降低建筑模型和建筑实物的误差，这一点是传统 CAD 技术的平面图、立面图、剖面图难以比拟的，以 BIM 作为设计工具，具有非常直观的效果，设计师可以直接查看建筑工程建成后的立体图，确保实际施工和设计的一致性。

同时，利用 BIM 技术的可视化优势，还能将建筑工程中较为复杂的构件、造型等相关数据和信息全部录入信息系统中，通过显示屏幕，就可以直观、真实地看到建筑工程内部构造，可以大大提高机电工程、给排水管道施工的质量和效率。

（三）应用 BIM 结构分析软件，实现双向交换

通过 BIM 结构分析软件，可以实现建筑工程相关信息的双向交换。简而言之，核心建筑建模软件提供的数据和信息，可以为分析建筑结构提供支持。分析结果可以真实、准确地体现在 BIM 相关软件中，运用其可视化的优点，最大限度地保证建设工程各项施工质量满足设计标准和要求。

（四）应用 BIM 技术，实现钢结构的深化设计

钢结构是建筑工程的主要组成部分，钢结构安装的质量直接决定了建筑工程整体结构的稳定性。利用 BIM 技术，可以实现钢结构的深化设计，有效保证钢结构施工图设计的科学性和合理性。

（五）应用 BIM 技术，确保建筑设计的规范性

将施工材料、施工工艺、施工方案等参数录入 BIM 检查软件中，BIM 检查软件即可自行对建模的质量和完整性进行全方位检查。如果存在不符合要求的情况，其会自动指出，指示操作人员进行修正，从而确保建筑工程设计和施工的各项指标都能满足具体规范和标准的要求。

（六）应用 BIM 综合碰撞检查软件，对项目进行动态评估和审核

BIM 综合碰撞检查软件，能够把不同工种所建立的 BIM 模型进行集成、统一，对存在矛盾的地方进行协调、规划，通过 BIM 技术的可视化及动态化模拟，对建筑工程施工的全过程进行综合评价和审核，既能有效保证施工质量，又能避免出现工程更改的问题。

第四章 BIM 技术在建筑工程绿色施工中的应用

第一节 BIM 技术在建筑设计阶段的应用

装配式建筑是设计、生产、施工、装修和管理"五位一体"的体系化和集成化的建筑，而不是"传统生产方式＋装配化"的建筑。装配式建筑的核心是"集成"，BIM 技术是"集成"的主线，这条主线串联起设计、生产、施工、装修和管理的全过程，服务于设计、建设、运维、拆除的全生命周期，可以数字化虚拟、信息化描述各种系统要素，实现信息化协同设计、可视化装配，以及工程量信息的交互和节点连接模拟及检验等的全新运用，整合建筑全产业链，实现全过程、全方位的信息化集成。

一、BIM 技术应用于装配式建筑设计的必要性

装配式建筑是未来建筑行业的发展趋势，也符合我国的具体情况。装配式建筑生产周期短、结构性能强，可以取得良好的经济效益和社会效益，未来将会有越来越多的装配式建筑出现，主要集中于住宅、公共建筑、商业大厦、工厂厂房等。但随着经济和社会的发展，人们对建筑的设计要求越来越高，同时由于装配式建筑的建造过程有别于传统建筑，其建筑设计也面临新的挑战。

在装配式建筑设计的各专业之间，以及在设计、生产和拼装部门之间，需要高度集成信息和共享信息，做到主体结构、预制构件、设备管线、装修部品和施工组织的一体化协作，优化设计方案，减少"信息孤岛"造成的返工和临时修改。

装配式建筑构件采用工厂化的生产方式，因此对设计图纸的精细度和准确度的要求

较高，例如，提高预留预埋节点和连接节点的位置和尺寸精度，降低预制构件的尺寸误差，加强防水、防火和隔音设计等。

装配式建筑及其构配件的设计需要满足规定的标准尺度体系，实现建筑部件的通用性及互换性，使规格化、通用化的部件适用于不同建筑，而规格化、定性化部件的大批量生产可降低成本，提高质量，真正实现建筑的工业化。从现阶段的装配式建筑所面临的种种问题可以看出，传统的建筑设计方式无法从根本上满足装配式建筑的"标准化设计、工厂化生产、装配化施工、一体化装修和信息化管理"等方面的要求。因此，BIM成为建筑业各方关注的焦点，也是实现国家要求的建筑业信息化的重要保障。BIM 技术具有建筑模型精确设计、各设计专业及生产过程信息集成、建筑构配件标准化设计等特点，能够更好地服务于装配式建筑设计、生产、施工、管理的全过程，进一步推动建筑工业化进程。

二、基于 BIM 的装配式建筑设计关键

（一）设计流程

预制装配式建筑的核心是预制构件，在施工阶段，预制构件能否按计划直接拼装，取决于预制构件的设计质量，因此预制装配式建筑的设计阶段非常关键。预制构件的设计过程涉及多个角色的配合，与一般建筑相比，其对信息传递的准确性和及时性要求都较高。一般建筑的设计流程主要是，由土建专业先建立建筑方案设计模型作为基础，并配合机电专业依次按照项目阶段进行设计与建模工作，最后形成施工图设计模型。而预制装配式建筑的设计流程应在一般建筑流程的基础上，考虑预制构件在整个流程中的特殊性，加入预制构件选择（从构件库中提取）、预制构件初步设计、预制构件深化设计等环节。

整个 BIM 设计流程分为方案设计、初步设计、施工图设计，以及构件深化设计四个阶段。

构件的外观和功能设计是初步设计的基础。合理的预制构件类型和尺寸选择，将极大地扩大构件的批量规模，提高生产效率，体现工业化生产的优势。在整个设计流程中，预制构件深化设计是关键环节，它集合了多方角色的需求，构件的开洞留孔、预埋、防水保温、配筋、连接件等信息都是在设计阶段就已被精确计算好的，并能据此直接生产

成型。这要求预制构件在深化设计时，就应综合考虑土建、机电、建材、施工，以及生产等各参与方，将各方的需求转换为实际可操作的模型与图纸。通过预制构件的深化设计，在预制构件生产前，即对后续各方功能的实现进行宏观把握，最终形成预制构件深化设计的高度集成化。

1.方案设计阶段

在方案设计阶段，土建专业准备文件，创建建筑方案设计模型，作为整个 BIM 模型的基础，为后续的建筑设计阶段提供依据及指导性文件。

2.初步设计阶段

在初步设计阶段，土建专业依据技术可行性和经济合理性，在方案设计模型的基础上，创建建筑初步设计模型和结构初步设计模型。在预制构件方面，土建专业依据设计方案中的外观与功能要求，从构件库中选择合适的预制构件，建立预制构件初步设计模型。若有新增构件，则将其添加到构件库中进行完善，并保持对构件库的更新。

3.施工图设计阶段

在施工图设计阶段，土建专业与机电专业进行冲突检测、三维管线综合、竖向净空优化等，创建土建施工图设计模型与机电施工图设计模型，并交付至施工准备阶段。

4.构件深化设计阶段

在构件深化设计阶段，预制构件相关的各参与方分别提出需求，通过施工总承包方的综合，集中反映给构件生产商，构件生产商根据自身构件制作的工艺需求，将各需求明确反映于深化图纸中，并与施工总承包方进行协调，尽可能实现"一埋多用"，将各专业需求统筹安排。最终由总承包单位依据集合后的各专业需求，对深化设计成果进行审核，形成最终构件深化模型，并交付给构件生产商进行构件生产。

（二）设计标准

为使 BIM 技术在预制装配式建筑中得到较为理想的运用，还要围绕相关标准对其进行不断完善。这一标准的构件需要满足国家现有相关标准的基本要求，然后结合预制装配式建筑的基本特点，进行自身调整、优化，其主要标准如下：

1.分类标准

对于预制装配式建筑中 BIM 技术应用的规范化控制，需要从分类标准方面入手。

各个设计流程涉及的所有任务划分、角色划分、构件划分等，都需要进行标准层面的分类，如此才能充分增强其整体落实效果。

2.格式统一

对于 BIM 技术的实际落实运用，需要使其在预制装配式建筑中能够统一所有信息格式，使其相关信息数据能够具备更强的相互匹配性，达到交互应用的效果，尤其是对于数据格式，必须进行统一。

3.交付标准

在预制装配式建筑中运用 BIM 技术，需要使其能够在信息交付中具备合理的标准，使其相应交付流程及具体的交付文件都能够较为规范，并且能够完成上下游信息的有效过渡，避免出现交付偏差。

4.信息编码标准

在预制装配式建筑的 BIM 技术运用中，需要结合国家统一标准，对信息编码进行规范，使相应的信息编码标准能够较为统一，如此也就能够为后续应用提供较强的协调维护价值。

（三）设计方法

装配式建筑设计对后期的施工具有重要影响，传统的设计形式明显无法满足现实要求，但 BIM 技术的设计应用还存在利用效果不足等问题，制约了装配式建筑设计效果，下面提出三点意见：

1.完善 BIM 建筑数据库，整合建筑工序

BIM 技术在建筑领域被广泛使用，装配式建筑设计应用的首要一点就是建立完整的数据库，为后续的建筑设计和施工提供参考。对于数据库的建立，必须注重对装配式建筑工序的整合，将组装配件、电气设备及施工器械等内容添加到 BIM 平台中。由于数据库信息的冗杂，BIM 系统要按照不同的程序和类别，对每个设计环节进行有针对性的管理。同时，对于建筑工序的整合，还要利用 BIM 技术分层模块的特点，通过三维处理方法，把设计的平面施工方案转变为立体动态模型，以方便设计人员及时找出问题所在，尽快修正。

2.建立标准化建筑设计平台

以往的装配式建筑设计将施工设计与设计工作分离,只重视建筑主体和结构,忽视了施工环节,导致设计方案与实际工程出现不适应的情况,所以 BIM 技术在应用的过程中要注意这一点,融合生产方式建立标准化的综合建筑设计平台,先要建立操作模式系统,把技术标准和模块设计作为重点内容。对于技术标准的确定,可参考装配式建筑的相关技术操作标准,并围绕 BIM 技术的关键因素。设计建筑模块系统,简单来说,就是将复杂的装配式建筑拆分成多个小的模块,借助 BIM 技术连接到一起,降低建筑设计的难度,只需要在录入完成以后,把多个模块组装到一起,其设计效率和质量就会有很大的提升。建筑模块的设计过程可分成三个步骤:

(1)前期系统设计

模块化需要借助一定的数据支持,在前期设计的过程中,需要对建筑的每个环节进行综合考虑,明确系统设计的目的和内容。

(2)模块层级的划分

在装配式建筑设计的内容中,包括了空间的功能区块划分,模块的划分就需要考虑到这一点,将空间按照不同的功能合理划分。

(3)模块的组合分析

对于不同的建筑样式,其空间模块的组成也不同,可以借助 BIM 技术的三维模拟技术,试验多种模块组合方案,以便得出最佳方案。

3.装配式构件拆分设计

在运用 BIM 技术进行装配式建筑设计的优势中,对装配式构件的拆分设计是重要的优势之一。运用 BIM 技术进行装配式建筑设计,简而言之,指的是将复杂的装配式建筑整体拆分为多个个体,在实际设计过程中,需要按照以下三个程序进行:

第一,设计工序的标准化。在 BIM 技术下,装配式建筑设计可以依托网络平台进行,要进行全面分析,对于各个独立的个体,也需要计算其数量和质量。

第二,按照设计流程进行,并建立相应的数据库,为三维模型的设计提供准确的数据参考。

第三,分别对建筑的内部空间和外部空间进行拆分,绘制平面图。

以保障性剪力墙结构建筑为例:首先,构建 BIM 技术平台,制定标准化的设计工序,并要求不同阶段的设计人员按照同样的设计规范,对保障房项目的预案进行有序、准确设计,以减少各自为政带来的数据信息错误。其次,简化预制部件的设计流程,遵守规格数据少、组合方案多的要求,根据部件的信息提前拆分,降低设计工作的重复率,缩减部件的种类。最后,建立种类划分明确的预制部件数据库,并在设计时选择符合实际情况的构件模型,在选取部件模型后,利用 BIM 技术制作成可视的三维立体模型,将建筑的效果图、部件信息和组装过程显示给设计人员,为发现和改正设计问题提供技术支持。

三、BIM 技术在装配化装修中的应用价值

装配化装修强调在技术层面对设计精细度、专业协同度的拔高与深化。首先是设计模数化,模数是一切工业制品的基础,是最底层的公约数与度量衡;在此基础上是部品模块化,符合模数的小部品组成系列化大类别部品,并与建筑空间尺寸进行耦合,通过规模化制造,实现更高的完成度;在模数化与模块化的基础上是空间标准化,对底层模数与部品模块进行尺寸适应,以保证空间的通用性、灵活性与多样性;最后是作业方式层面上的施工装配化,实际上是前三层次累积实现后水到渠成的结果。

BIM 所具有的协同设计、可视化、分析模拟、非物理信息集成能力,对装配化全装修的设计、生产、安装及维护过程,都有明显的效率与质量增益,将 BIM 技术应用于装配化装修,是时代发展的要求。

(一)建筑设计与装修设计协同工作

传统的装修设计是在建筑设计及建筑施工完成之后才进行的,在这个过程中,装修设计普遍独立于建筑设计,缺乏各个专业单位的协同配合,易发生碰撞、出现漏洞等。BIM 是建筑全生命周期信息的集合,将结构、水电等各专业信息模型整合为一个整体。应用 BIM 技术,可以使装修设计在建筑施工之前协同建模,进行一体化设计。将装修设计与建筑结构、机电设计等专业部门紧密联系起来,及时根据建筑方案进行更新检测,识别发生碰撞的问题所在,然后做出调整,采取相应的补救措施,以促进问题的解决。

1.土建、内装一体化设计

强调土建、内装的零冲突及管线分离,最理想的方式是土建与内装设计同步完成,从源头实现一体化集成设计。因此,该阶段的首要事项是充分落实建筑、结构、机电、

室内等多专业的协同设计。目前，BIM 提供了以模型为统一载体的协同基础，BIM 软件的三维可视化、碰撞检查等实用性功能在一定程度上可减少、消解设计冲突，并支持室内日照、耗能模拟等提高设计质量的性能化分析，但具体到协同环节的落实上，仍面临不同软件的互用、流程系统性和并行性协调关系等诸多细节问题，还应投入资源，有效解决这些问题。

2.内装部品设计

内装部品主要包括地面、轻质内隔墙、集成吊顶、内门窗、整体厨卫、设备与管线等成套系统的设计（此外，还有储藏收纳、智能化系统等）。应该注意的是，上述每个系统在设计中都需要考虑型号规格、产品兼容性等诸多标准性问题，在专业职能上更偏向工业设计，其所用的工具软件基本都遵循 IFC 标准，支持导出 BIM 软件进行应用。因此，对于设计方而言，值得注意的是建立内装部品数据库（包含产品及其供方信息等），形成产品选型、组合优化能力。

（二）BIM 可视化模型库

三维可视化是 BIM 技术的特点之一，通过运用 BIM 技术，可以将装修设计利用三维模型展示，呈现三维的渲染效果，甚至可以对室内进行三维动态模拟。BIM 在精装修中的可视化设计分为可视化审图、可视化深化设计和可视化漫游三部分。

可视化审图的可实施性建立在分专业模型创建的基础上，在分专业模型检查后再进行专业碰撞，汇总成果后与业主、设计、监理共同以审图会形式对 BIM 模型进行会审，最后形成 BIM 图纸会审报告。

可视化深化设计是通过可视化模型，依据现行规范及专业技术、材料特点、业主要求和设计要求，进行方案和模型的进一步深化。

可视化漫游的实现，需基于装配式构件的预先排布，通过软件导出漫游动画、全景漫游、移动漫游，进行室内效果的展示，有助于技术交底和现场作业。BIM 技术可视化程度高，直观且易于修改，极大地减小了其与实际装修效果的差异，让业主有更直观、真实的感受。

（三）BIM 标准模数设计

为了实现工业化大规模生产，使装修构配件具有一定的通用性和互换性，与建筑结构相协调，并且使施工过程更加方便，节约资源，在设计中，要特别注意模数的重要性，这样就使装饰设计具有系列化、统一化、简单化等优点。对于装配式精装修住宅而言，在建筑结构设计时，常采用 3 M 模数，因此在装饰材料设计中也应采用 3 M 模数，这样做的好处在于墙顶的材料模块拼装分缝可以做到对齐统一，避免因板块尺寸不统一而出现拼缝凌乱等情况。在进行模块化设计时，要考虑尺寸和定位的精准性，使部品有利于工业化批量生产。

第二节 BIM 技术在构件制作阶段的应用

一、基于 BIM 技术的构件生产管理流程

装配式混凝土建筑工程的 BIM 模型中心数据库用于存放具体工程建造生命周期的 BIM 模型数据。在深化设计阶段，将构件深化设计所有相关数据传输到 BIM 中心数据库，并完成构件编码的设定；在预制构件生产阶段，生产信息管理子系统从中心数据库读取构件深化设计的相关数据及用于构件生产的基础信息，同时将每个预制构件的生产过程信息、质量检测信息返回记录在中心数据库中；在现场施工阶段，基于 BIM 模型对施工方案进行仿真优化，通过读取中心数据库的数据，可以了解预制构件的具体信息（重量、安装位置等），以方便施工，同时在构件安装完成后，将构件的安装情况返回记录在中心数据库中。考虑到工程管理的需要，也为了方便构件信息的采集和跟踪管理，在每个预制构件中都安装了 RFID 芯片，芯片的编码与构件编码一致。同时，将芯片的信息录入 BIM 模型，通过读写设备实现装配式混凝土建筑在构件制造、现场施工阶段的数据采集和数据传输。

二、基于 BIM 技术的构件生产过程信息管理

构件生产信息管理系统涉及构件生产过程信息的采集，需要配合读写器等设备才能

完成，因此根据信息管理系统的需要，开发了相应的读写器系统，以便快捷、有效地采集构件信息，并与管理系统进行信息交互。

（一）系统功能及组织流程

1.功能结构

该系统是装配式住宅信息管理平台的基础环节，通过 RFID 技术的引入，使整个预制构件的生产规范化，也为整个管理体系搭建起基础的信息平台。构件生产信息管理系统分为两个工作端，即手持机端和 PC 机端，其工作对象都是预制构件的生产过程，通过与后台服务器的连接，初步构建整个体系的框架，为后续更加细致化的信息化管理打下基础。

手持机端主要完成两个任务：一是作为 RFID 读写器，完成对构件中预埋标签的读写工作；二是通过平台下的生产检验程序，控制构件生产的整个流程。

PC机端通过自主开发的软件系统，与读写器和服务器进行信息交互，也分为两部分工作：一是按照生产需要，从服务器端下载近期的生产计划，并将生产计划导入手持机中；二是在每日生产工作结束后，将手持机中的生产信息上传到服务器。

2.组织流程

构件厂 PC 机连接系统服务器下载构件生产计划表，然后手持机连接 PC 机下载生产计划，生产过程中通过手持机对 RFID 芯片进行读写操作并记录，之后将构件生产信息储存到 PC 机，再通过网络上传到服务器。

（二）手持机工作流程设计

通过手持机系统检验构件的生产工序并对生产过程进行记录，保证生产流程的规范化。根据生产流程设计手持机系统的应用流程，首先是手持机初始化工作，包括生产计划更新、手持机数据同步、质检员身份确认等过程。钢筋绑扎是第一道工序，该工序完成后会将每个构件与对应的 RFID 芯片绑定。施工人员用手持机在生产车间扫描构件深化设计图纸上的条形码，正确识别后，进行钢筋绑扎的工作，绑扎完毕后，由质检员进行钢筋绑扎质量的检查，当所有项目检查合格后，扫描构件的 RFID 标签，在标签中写入构件编码，并写入工序信息（即工序号）、检查结果、施工人员编号、检查人员编号、完成时间等具体信息。对于构件生产过程中的每道工序，都必须进行检查和记录。

在某项特定工序完成后，可通过扫描标签或扫描图纸条形码的方式，进入系统相应的检查项目。按照系统界面进行相关操作，手持机系统会记录每个完成工序的信息。当天完工后，要将手持机记录的构件工序信息通过同步的方式上传到平台生产管理系统中。在构件生产完成后，如果检查不合格，在根据相关规定必须报废的情况下，质检员就要对该构件进行报废管理。在构件生产检验合格后，系统更新构件信息并安排堆场存放。在构件进场堆放时，要登记检查，即用手持机扫描构件标签，确认并记录构件入库时间。将数据上传到系统后，系统会更新堆场构件信息。

三、BIM 技术在构件生产上的应用

（一）构件深化设计

利用 BIM 技术，可以对施工图进行深化设计，得出构件加工图。构件加工图可以在 BIM 模型上直接完成和生产，不仅能清楚表达传统图纸的二维关系，而且可以清楚地表达复杂空间的剖面关系。

（二）构件生产指导

利用 BIM 技术，在构件生产加工过程中，可以直观表达构件空间关系和各项参数，自动生成构件下料单、派工单、模具规格参数等，还可以通过可视化的交底，帮助工人更好地理解设计意图，提高工人生产的准确性和效率。

（三）构件数字化生产

利用 BIM 技术，可以将设计给出的 BIM 模型中的信息数据转化为生产参数，然后输入生产设备，实现构件的数字化、自动化生产。

（四）优化构件堆放

在预制构件厂，对构件进行分类生产和储存，需要投入大量的人力和物力，并且容易出现各种错漏。利用 BIM 技术，可以模拟工厂内预制构件的堆放位置与通道，辅助技术人员优化堆场内构件的布置和运输车辆的开行路线。

四、BIM 技术在构件安装上的应用

（一）规划运输路线

利用 BIM 技术，结合地理信息系统，可以模拟构件在公路上的运输路径与运输条件，查找运输中可能出现的问题，做出合理的运输规划。

（二）优化安装工序

利用 BIM 技术，将施工进度计划写入 BIM 信息模型，把空间信息与时间信息整合在一个可视的 4D 模型中，然后导入施工过程中各类工程测量数据，让施工现场的安装工序变得可视化，提前发现可能出现的工序错误，提高各分项工程承包商间的协调度，避免发生冲突。

（三）可视化交底

利用 BIM 技术，可以进行复杂部位和关键节点的施工模拟，并以动画的形式呈现出来，实现可视化交底，提高工人对施工环境、工序的熟悉度，提升施工效率。

（四）优化施工平面布置

利用 BIM 技术，模拟预制构件现场运输与吊装，可以辅助技术人员优化施工现场的场地布置和车辆开行路线，减少构件、材料的二次搬运，提高吊装机械的效率。

（五）质量控制

结合 BIM 技术与 RFID 技术，构件安装人员可以调出预制构件的相关信息，并与 BIM 模型中的参数进行对照，这样不仅可以提高预制构件安装过程中的质量管理水平和安装效率，而且可以实现装配式建筑质量的可追溯性。

五、装配式建筑施工阶段的构件管理

在过去许多已完成的装配式建筑的施工过程中，经常会遇到这样的问题：构件种类多，运输及现场吊装容易找错构件，即使严格安排工序，也容易出现施工程序混乱的情况。事实上，靠人工记录数以万计的构配件，错误的发生是必然的。装配式建筑在施工阶段引入 BIM 技术，可以有效化解构件管理难的问题；应用 RFID 技术，对构件进行科学管理，能够大大提高施工效率，缩短施工周期。

构件是装配式建筑的核心。装配式建筑施工阶段的构件管理，贯穿构件生产、运输、储存、进场、拼装的整个过程。

（一）构件运输阶段

预制构件在工厂加工生产完成后，在运输到施工现场的过程中，需要考虑两个方面的问题，即时间与空间。首先，考虑到工程的实际情况和运输路线中的实际路况，有的预制构件可能无法及时运往施工现场，所以应根据现场的施工进度与对构件的需求情况，提前规划好运输时间。其次，由于一些预制构件尺寸巨大甚至异形，如果由于运输过程中的意外导致构件损坏，不仅会影响施工进度，而且会造成成本损失。因此，考虑到运输空间问题，应提前根据构件尺寸类型安排运输卡车，规划运输车次与路线，做好周密的计划安排，实现构件在施工现场零积压。要解决以上两个问题，就需要 BIM 技术的信息控制系统与构件管理系统相结合，实现信息互通。

（二）构件储存管理阶段

在装配式建筑施工过程中，预制构件进场后的储存是关键，与塔吊选型、运输车辆路线规划、构件堆放场地等因素有关，同时需要兼顾施工过程中不可预见的问题。施工现场的面积往往不会太大，施工现场预制构件堆放存量也不能过多，需要控制好构件进场的量和时间。在储存及管理预制构件时，无论是对其进行分类堆放，还是对于出入库方面的统计，均需耗费大量的时间及人力，难以避免出现差错，而信息化手段可以很好地解决这个问题。利用 BIM 技术与 RFID 技术的结合，在预制构件的生产阶段，植入 RFID 芯片，物流配送、仓储管理等相关工作人员只需读取芯片即可直接验收，避免出现传统模式下存在的堆放位置、数量出现偏差等问题，进而节约成本和时间。在预制构件的吊装、拼接过程中，通过运用 RFID 芯片，技术人员可直接对综合信息进行获取，并在对安装设备的位置等信息进行复查后，再加以拼接、吊装，由此提升安装预制构件的效率及对吊装过程的管控能力。

（三）构件布置阶段

与传统现浇式建筑不同，一栋装配式建筑一般由成千上万的预制构件组成，考虑到施工区域空间有限，不合理的施工场地布置会严重影响后期的吊装过程，所以施工区域的划分非常关键。装配式建筑施工场地布置的要点，在于塔吊布置方案制定、预制构件存放场地规则、预制构件运输道路规划等。

1.塔吊布置方案制定

在装配式建筑施工过程中，塔吊是关键的施工机械，其效率如何，将对建筑整体施工效率产生影响。结合实际经验来看，如果塔吊的布置欠缺合理性，常常会发生二次倒运构件，对施工进度造成极大影响。

首先，须明确塔吊吊臂是否满足构件卸车、装车等要求，进而确定塔吊的型号。其次，依据设备作业与覆盖面的需求，以及输电线之间的安全距离等，以塔吊尺寸、设施等满足要求为前提，进而对现场布设塔吊的位置加以明确。在完成如上两大操作后，针对塔吊布设的多个方案，进行 BIM 模拟、对比、分析，最终选择出最优方案。

2.预制构件存放场地规则

预制构件进入施工现场后的存放规则前文已有提及，此处需要强调的是，构件在存放场地的储备量应满足楼层施工的需要，存放场地应结合实际情况优化利用。同时，存放场地是否会造成施工现场交通堵塞，也是必须考虑的问题。

3.预制构件运输道路规划

预制构件从工厂运输至施工现场后，应考虑施工现场内的运输路线，判断其是否满足卸车、吊装需要，是否影响其他作业。应用 BIM 技术可模拟施工现场，进行施工平面布置，合理选择预制构件仓库位置与塔吊布置方案，同时合理规划运输车辆的进出场路线。

因此，应用 BIM 技术，不仅可令塔吊布设方案制定、预制构件存放场地规则、预制构件运输道路规划等得以优化，而且能有效避免预制构件或其他材料的二次倒运，加快施工进度，进而使得垂直运输机械具备更高的吊装效率。

第三节 BIM 技术在建筑工程绿色施工管理中的具体应用

一、在安全管理中的应用

下面以我国长三角地区某高层建筑工程为例,进行建筑工程绿色施工安全管理研究。该工程的建筑面积约 6 万 m²,建筑高度为 100 m,共计 28 层,主体采用框架剪力墙结构,该工程造价约 8 亿元。

(一)在施工阶段应用建模技术

在建筑工程绿色施工阶段,可以利用 BIM 技术,进行建筑物参数化模型的建立,将施工进度、成本、资源、安全等项目信息在 BIM 技术平台上进行综合管理。利用 BIM 技术平台,可以提取建筑物在设计阶段的信息,为施工阶段的安全、质量、成本等目标的实现提供数据支持,可以避免出现施工中的信息丢失现象,还可以通过数据信息的共享制定科学的施工方案。最后,在 BIM 技术平台上,进行动态的施工模拟,例如,可以输入工程计划、时间、每一阶段的动工日期等,依据动态模拟,避免施工过程中可能出现的安全问题。

(二)基于 BIM 技术进行安全检查

在传统的建筑工程施工过程中,只能在施工的过程和施工后检查安全问题,而通过 BIM 技术,可以建立模型进行动态施工模拟,对施工人员进行施工前的安全工作交底,进行安全风险防控。利用 BIM 技术进行安全检查,可以提前预防安全问题,并针对施工中施工人员容易出现的安全问题进行风险防控。例如,在模型动态的演示过程中,发现了电梯井出口有近 1 m 的缝隙,并且该区域施工空间相对狭窄,容易发生施工人员坠井事故。针对这一施工安全隐患,可以提前在其四周布置防护栏或者警示标语,并定期组织现场监督人员检查;还可以对施工人员进行安全教育,并制定安全防护措施,如在施工人员腰间牢系安全带等。通过动态模拟,使施工企业在施工过程中可以有重点地对施工环节进行把控,能够及时地发现安全风险,并且制定出相应的安全风险防控措施。

（三）基于 BIM 技术进行安全教育培训

在建筑施工人员中，文化水平较低的人员占有很大比例，在对施工人员进行安全培训时，如果采用书面资料的形式进行，可能会使施工人员理解起来较为困难，但是如果采用动画模拟的形式进行，将施工过程中可能存在的安全问题进行演示，会有利于施工人员的理解、掌握，可以获得较好的培训效果。

安全教育培训是建筑施工企业的一项重要工作，是避免在建筑施工过程中出现安全事故的重要手段，通过对施工人员进行安全教育，可以让施工人员提前了解到施工中的一些危险动作和存在的危险源。例如，利用 BIM 技术的可视性和模拟性，将建筑工程的基本数据信息，在 BIM 技术平台上进行建模，能让不熟悉现场施工环境的员工在进入施工现场前熟悉施工环境，并且 BIM 技术还可以制作出立体的空间模型，相当于实景还原施工现场，这与传统的安全教育培训有着本质的不同。

二、在成本管理中的应用

（一）项目决策的成本管理

在建筑施工成本管理过程中，为切实增强施工成本管理工作效果，管理人员可根据建筑工程实际标准和使用要求，利用 BIM 技术，全面分析和深度评估建筑工程项目投资情况，并将收集到的信息和数据发布到各个系统中，通过信息共享，实现动态化成本管理。以往，造价人员在编制建筑工程项目成本预算时，需要提前调查、分析和研究，保证掌握建筑工程中各项环节所需要的成本，在此期间，若某项环节出现误差，造价人员就需要对预算编制进行重新审查，核实相关数据信息，以此来保证数据的真实、可信，保证工程项目投资预算符合行业规定。而 BIM 技术支持动态监控管理，可在极大程度上降低工作人员的实际工作量，且其搜集、接收到的数据信息十分精确，便于造价人员在投资预算工作中将项目造价动态管控数值与施工材料进行对比，确保两者之间的差值在规定范围内。除此之外，造价人员可将 BIM 技术应用到招投标阶段的成本控制中，快速计算工程量。通过有效的成本管理，筛选出最优方案，合理分配施工资源，便于控制建筑工程中各个环节的成本消耗，以降低企业施工成本。

（二）工程设计的成本管理

由于建筑工程流程复杂、环节众多，所以图纸设计环节需要多个部门共同参与完成。通过在图纸设计环节中利用 BIM 技术，构建数据信息交流平台，能够实现在同一平台、同一模型内，不同设计人员互不影响、共同设计。对于内部构造复杂的工程来说，参数化设计能有效控制建筑工程的形态变化与使用性能，在设计图纸绘制完成后，进行前后对比分析，从图纸数据库中选出最合理的方案并进行优化，能有效简化图纸绘制环节，降低企业成本，提升设计质量。同时，相同立体模型中的人员还可实现方案共享，能够及时发现方案之间存在的冲突，且采取行之有效的反馈和协商工作。由此可见，BIM 技术能有效提高工程设计精准度和工作效率，避免图纸设计冲突，能有效缩减工程工期，进而降低施工成本。

在建筑工程中，管线设计较为烦琐，但在传统平台设计的图纸中不能体现建筑工程立体结构，所以很难通过观察图纸发现构件之间、构件与建筑之间的碰撞情况，可能会对施工进度产生很大影响。BIM 技术借助其模拟特性构建立体模型图，进行实际建筑构件碰撞试验，能够有效解决管线设计中的碰撞问题，能在一定程度上缩减工程工期，降低施工成本。

（三）施工与竣工的成本管理

在建筑工程正式开工后，相关施工材料、设备等的价格可能会发生变化，这时需要相关人员严格控制工程成本，避免超预算情况的发生。施工企业应用 BIM 技术，能够分析之前收集到的数据信息，探索出一套相应的解决方案，保证在不影响工程进度前提下，实现施工现场材料、设备等的合理分配，实现最低建筑工程施工成本。施工企业也可利用 BIM 技术，实现施工现场材料动态化管理，避免因施工人员过量领取材料而在施工阶段完成后出现材料浪费的现象，有效控制材料支出成本。

应用 BIM 技术，可以实现施工现场建筑工程构件合理布局，便于施工人员掌握现场施工情况，有效缩减建筑工程施工周期，提高建筑工程整体质量。在建筑工程竣工后，需要管理人员对工程造价核算工作加大审查力度，并进行整体性统计工作，保证核算数据精确性。

三、在 4D 施工进度模拟中的应用

在我国建筑业飞速发展背景下，有关施工动态化管理的工作机制变得愈加烦琐，传统形式的进度管理模式出现诸多不适迹象，如凭借网络和横道图，以及直观图等传统形式的辅助媒介，在对有关建设项目的施工进度进行监督管理时，尤其是在编制进度计划环节中，许多管理主体经常会结合既有经验完成，无形之中便令编制内容的精确性受到影响。而为了尽快消除上述系列情况带来的影响，进一步保证在 4D 施工进度模拟应用环境下做出更加可靠和完善的编制，融入 BIM 技术便显得势在必行，理当引起有关工作人员的重视。

（一）BIM 技术融入 4D 施工进度模拟的必要性

首先，完成对整个工程项目施工流程的模拟演示，保证令其中任何复杂形式技术方案的实施流程和具体进度得以全面清晰地呈现，借此贯彻施工方案整体的可视化交底目标。长此以往，可避免重复沿用传统形式的语言文字和二维图纸交底模式而造成的信息遗漏，以及出现意见冲突情况。

其次，落实 3D 参数化模型与 project 文件内部数据的逐步对接任务，令施工现场管理和施工进度在时间、空间等层面上谋求更加理想化的贴合结果。事实证明，这类模式对于协调施工进度、现场布置水平等有着极为可靠的改善效用，最为关键的是可以保证结合当下工程进度，及时针对个人、原材料、机械设备等不同资源加以优化配置，最终令一切资源得到全方位、高效率地开发应用。

最后，在持续提升建筑工程信息的交流层次之余，为各类机构协作交流提供便利服务条件，如此一来，便可以更为高效率地减少由于建设项目信息冗杂和流失量过多造成的威胁，在某类层面上改善施工管理主体的业务实力，更能为建筑项目预设管理方案的有效拓展，提供足够新颖的适应路径。

总的来讲，经过 BIM 技术与 4D 施工进度模拟工作交互式融合之后，整个施工流程便得以全面、直观地呈现，不仅对三维可视化平台的设计应用提供了保障，而且为日后工程可视化管理目标的落实创造了绝佳的适应机遇。

（二）BIM 技术在 4D 施工进度模拟演练中需要遵守的规范要点

1.协调性创建

相关工作人员须知，三维化的建筑模型实际上就是集成数字化技术的数据库，至于这部分模型中创建的有关实体和对应功能特性，通常会统一，通过参数化形式加以呈现，最终以数字的形式在数据库中存储。而 BIM 技术的融入，可以保证进一步映射出数据库与相关视图之间的双关联特性，进一步谋求各类图形与非图形数据之间的协调状态。

2.模拟性演示

模拟性演示主要是基于 BIM 技术，进行显示、隐藏、不同颜色设置等交互式应用，进一步构建起所需的三维场地实体模型。在此期间，需要保证将建筑项目和节点施工技艺等加以直观演示，之后利用必要的辅助设计器具，完成施工期间场地相关的布置任务。

3.可视化控制

在确保顺利创建 BIM 模型之后，需要及时从不同角度来查验模型，并选择相关部件。如此一来，不单单可以保证将图元的具体尺寸、原材料的参数属性等信息延展出来，更可以针对这部分图元的设备型号及有关技术指标，加以检验认证，为后续模型的建立提供丰富、可靠的指导性依据。

（三）BIM 技术在 4D 施工进度模拟工作流程中的妥善性应用措施

首先，借助 BIM 软件程序，完成整个施工进度的模拟性演示过程。结合诸多实践经验整理论证，4D 模拟在针对既有的进度计划文件及三维化的 BIM 模型特性加以对比分析基础上，建立一类连接，其间，要注意依照时间信息设计匹配妥善的装配次序，核心动机指标便在于保证将施工实际过程在可视化的模拟环境中加以生动化呈现。至今，在 BIM 施工过程中广泛沿用软件程序 Navisworks，不单单可以保证及时处理好碰撞检查工作，避免导致诸多重大失误情况，更可以确保实时性继承各类格式的设计模型，特别是在时间维度的附加作用下，维持 4D 动态化模拟操作工作的顺利进行。这类模式表现出诸多优势特征，即在保证提供多个不同格式的接口的同时，加快特定计划文件与三维 BIM 模型的连接进度，所以说在二次开发功能方面，有着非凡的影响效用。正因如此，这部分平台可以保证 BIM 技术更加理想化地在 4D 施工进度模拟中贯穿应用，并且日渐取取更加可靠的模拟演示效果。

其次，在正式组织 4D 施工进度模拟活动过程中，有必要针对建筑结构和 Revit MEP

的一切专业".rvt"格式文件加以分层处理，之后将它们统一转化为 DWF/DWFX 格式的文件，保证统一在 Navisworks 程序中打开与整合控制。在此期间，作为 MPP 文件的接口，TIMELINER 命令可以透过此类接口顺利地完成有关进度控制任务，并且保证同步设置必要的规则。为了确保日后取得更加理想化的施工进度模拟效果，技术人员可以考虑将动画融入部件其中，同时进行有关的任务类型设置和播放时间规划，之后便可保证顺利处理好 4D 进度模拟的有关创建工作。

第四节 BIM 技术在建筑工程绿色施工中的应用价值

目前，建筑业的飞速发展，给资源、能源和环境等带来巨大影响，推行绿色施工势在必行。《绿色施工导则》提出，要加强信息技术在绿色施工中的应用，而 BIM 技术正是其中的重要一环。深入研究 BIM 技术在绿色施工中的应用，对更好地实现绿色施工"四节一环保"目标具有重要意义。

一、BIM 技术应用于绿色施工的优势分析

BIM 技术应用于建筑工程绿色施工，主要有以下几大优势：

（一）可视化及施工模拟

在工程实施阶段，应用 BIM 技术，进行施工模拟，在可视化条件下检查各过程工作之间的重合和冲突部分，可以预知在下一道工序中可能出现的错误，以及这些错误会造成的损失或延期，还可以通过前期预检优化净距、优化布置方案，以可视化视角指导施工过程。

（二）有效协同

应用 BIM 技术，进行虚拟施工，能够快速、直观地将预先制订好的进度计划与实

际情况联系起来，利用对比分析，使参建各方有效协同工作，包括设计方、监理方、施工方，甚至并非工程技术出身的业主等，都可对施工项目的各方面信息和所面临的问题有一个清晰的判断和掌握。

（三）碰撞检查

BIM 技术可以对参建各方的专业信息模型进行一个预先的碰撞检查，对查找出的碰撞点及其施工过程进行模拟，并在三维状态下查看，方便技术人员直观地了解碰撞产生的原因并制定解决方案。

（四）进度管理

基于 BIM，可以充分利用可视化手段，通过进度计划与模型信息的关联，对处于关键路线的工程计划及其施工过程进行四维立体的仿真模拟，对非关键路线的重要工作要有一个提前检查的过程，对可能存在的影响因素做好防范应对准备，还可以将模拟结果与当前已完成工作进行比对校核，以发现其中存在的错误。应用 BIM 技术，可以合理、有效地分配施工活动中所需的各类设施，合理进行现场调度，保障施工进度正常推进。

（五）资源节约

在节约用地方面，在对项目进行深化设计时，应对整个施工场地进行充分调研，应用 BIM 技术，进行施工场地模拟布置，使场地对建筑的容纳空间达到最大化，提高现场施工的便利程度，进而提高土地利用效率。

在节约用水方面，应用 BIM 技术仿真模拟的功能，对现场各型设备和各部位等施工用水进行仿真演示，对其正常使用量和损耗量进行统计，确保合理用水。同时，汇总现场各型设备和各部位的用水量，应用 BIM 技术，协调现场给排水和施工用水，以避免水资源浪费。

在节约材料方面，应用 BIM 技术，对方案进行设计深化、施工方案优化、碰撞检查、虚拟建造、三维可视化交底、精确工程量统计等，促进建筑材料的合理供应，保证使用过程中的跟踪控制，减少各种原因造成的返工和材料浪费，以达到节材的目的。

在节约能源方面，BIM 技术可以实现能源优化使用。在实际施工前，对项目施工过程中的关键物理现象和功能现象进行数字化探索，可有效帮助参建各方进行诸多方面的能源使用和性能优化分析，最大限度地降低能源损耗。

二、BIM 技术在绿色施工中的具体应用

下面以北京市 A 大厦项目为例，分析 BIM 技术在绿色施工中的具体应用价值。

基于北京市 A 大厦项目特点，根据设计阶段提供的 CAD 图纸，着重研究项目在实施绿色施工时的三维模型建立、施工场地布置、碰撞检查、工程量精确统计及现场材料管理等，推行基于 BIM 技术的绿色施工精细化管理。

根据本项目实际需求，采用 Revit 软件建立建筑、结构、机电模型，并将模型整合在一个项目中；采用 Navisworks 软件进行碰撞检测、重要节点可视化交底等。针对 BIM 技术在本项目绿色施工中的应用点，主要从施工场地三维布置、建模及图纸审查、施工模拟、管线碰撞检查及深化设计、三维可视化交底、砌体排布、基于精确工程量统计的限额领料等方面，研究 BIM 技术在绿色施工中的具体应用。

（一）施工场地三维布置

基于建立好的北京市 A 大厦 BIM 模型，对施工场地进行科学的三维立体规划，包括生活区、结构加工区、材料仓库、现场材料堆放场地、现场道路等的布置，可以直观地反映施工现场情况，保证现场运输道路畅通，方便施工人员的管理，有效避免二次搬运及事故的发生，节约施工用地。

（二）建模及图纸审查

进行 BIM 建模，首先需要对工程原方案进行分析，提取出工程类型、体量、结构形式、标高信息等；其次，要确定统一的项目样板、模型命名规则、公用标准信息设置、模型细度要求等，使各单位在统一标准下建立模型。在建模过程中，技术人员会发现一些图纸方面的问题，技术人员会对其分类汇总，提出解决方案，并在模型中体现，以避免材料浪费。

（三）施工模拟

基于建立好的北京市 A 大厦 BIM 模型，技术人员对复杂施工位置进行可视化查看，发现施工中可能出现的问题，以便在实际施工之前就采取预防措施，从而达到项目的可控性，并降低成本，缩短工期，减少风险，增强绿色施工过程中的决策、优化与控

制能力。

（四）管线碰撞检查及深化设计

将各专业建立的 BIM 模型整合在一起，通过 Navisworks 软件，在电脑中提前查找出各专业在空间上的碰撞冲突，提前发现图纸中存在的问题，电脑自动输出碰撞报告，然后对碰撞点进行深化设计。

（五）三维可视化交底

三维可视化交底可让施工班组清晰、直观地明白重点和难点所在，根据出具的复杂节点剖面图，避免多专业在同位置管道碰撞，避免单专业安装后其余专业管道排布不下需要返工的现象。利用管线综合优化排布后的模型，对技术人员和施工班组交底，指导后期管道安装排布，利用剖面图更直观地体现复杂节点处管道的排布，避免多工种多专业在施工时出现争议，可在提升工作效率的同时，提高工作质量。

（六）砌体排布

将建立好的土建模型导入鲁班施工软件中，利用施工软件中的墙体编号功能，对每一堵墙体进行有序编号，并对编号墙体按照设置的砌体规格种类和灰缝大小等参数依次排布，从而得出相应编号墙体的各种规格砌体用量和排布图。

（七）基于精确工程量统计的限额领料

运用 BIM 系统强大的数据支撑共享平台，使各条线工作人员可以方便、快捷地提取施工材料用量，对施工班组的各楼层材料领用进行核对。应用 BIM 系统，可以大大地精确材料的用量，避免材料多领、浪费。

三、BIM 技术应用于绿色施工的经济效益分析

下面以北京市 A 大厦项目为例，分析 BIM 技术在绿色施工中产生的经济效益。

与原设计方案的工期、成本、造价等相比，北京市 A 大厦项目采用 BIM 技术后，可在绿色施工过程中实现以下经济效益：

（一）在碰撞检查方面

将机电各专业模型合并到一起进行碰撞检查，本项目共检查出碰撞点 490 处，经过筛选后，得出有效碰撞点 268 处，可有效节省 36 个工日，避免返工与材料浪费，节省 19.6 万元。

（二）在洞口预留方面

应用 BIM 技术，将机电模型与结构模型合并到一起进行碰撞检查，共输出预留洞部位 396 个，其中有效避免现场 97 处预留洞口遗漏，避免出现二次开凿的情况，节省 24 个工日，节省 7.2 万元。

（三）在钢筋工程方面

应用 BIM 技术，在钢筋工程施工前，对施工班组进行复杂节点的可视化交底，对工序进行合理安排，避免施工过程中出现材料浪费。对于地库底板等钢筋构造较复杂区域，推行钢筋数字化加工，方便快捷且钢筋损耗率较低。项目实际钢筋用量比原方案节省 46 t，节省材料费共计 18.4 万元，累计节省 60 个工日，节省人工费 1.2 万元。

（四）在模板工程方面

一是利用 BIM 技术精确统计工程量，节省人力，增强效果；二是将复杂的模板节点通过 BIM 技术进行定制排布，以反映其错综复杂的平面位置和标高体系，解决施工中的重点、难点问题。共节省 96 个工日，节省人工费 1.92 万元。

（五）在混凝土工程方面

应用 BIM 技术精确提取出工程各部位工程量，合理安排混凝土进场时间，节省了混凝土运输车的等待费用；在浇筑时，实施"点对点"供应，既节省了人工，又避免了混凝土浪费，节省混凝土 390 m^3。

经统计，北京市 A 大厦项目在绿色施工过程中引入 BIM 技术所产生的经济效益在 360 万元以上。在施工过程中提供了更多解决问题的途径，在保证项目进度和质量的前提下，取得了较好的经济效益。

应用 BIM 技术开展建筑工程绿色施工，可以为绿色施工注入信息化元素，将促进 BIM 技术在建筑工程绿色施工领域发挥更大作用，对实现绿色施工"四节一环保"目标，对节约成本、提高效益，增强我国建筑业竞争力具有重要的意义。

第五章 BIM 技术在建筑工程绿色施工中的应用展望

第一节 BIM 技术的推广

一、BIM 技术推广障碍因素分析

（一）主观因素

1.相关人员对 BIM 技术的认识不足

受传统观念和项目管理模式的影响，国内机构、企业及相关人员对 BIM 技术的特点和优势认识不够全面，许多人认为 BIM 仅仅是一个虚拟模型，未发现 BIM 技术在大型、新型、复杂建设项目的高质量发展方面的巨大潜力。

2.管理层对 BIM 技术的重视度不够

业主和承包企业领导对 BIM 技术的应用前景不确定，对 BIM 技术应用于工程项目的优势认识不全面，没有看到 BIM 技术给建设项目带来的潜在价值。各参与单位管理者对 BIM 技术在工程建设中的应用不够重视，高层管理者对 BIM 技术的引进和推广的支持度不够。

3.从业人员对 BIM 技术的学习不够深入

从业人员适应了传统的建造方式，习惯用传统的管理方法和技术手段进行工程建设，加上企业对 BIM 不够重视，BIM 从业人员薪资水平不高，从业人员对 BIM 的学习不够深入，能够积极学习 BIM 技术的人员数量不多。

4.从业人员的工作模式转变困难

从业人员习惯用传统的方式管理建设项目，难以在短期内转变为用一种全新的工程管理方式建设项目，协同设计难以实现。各个设计单位在这一阶段已经习惯了原来的工作方式，原本的二维设计工具更换起来并非易事，导致 BIM 技术的推广举步维艰。设计师认为自己的工作任务是出图纸，工程师认为自己只需要出详图，各方人员都认为是否使用 BIM 技术与自己无关。

（二）企业管理因素

1.缺乏 BIM 技术专业人才

BIM 技术是一项近年来快速发展的新技术，该技术涵盖建设项目全过程，几乎涉及所有专业。由于我国对 BIM 技术知识的普及程度不高，且缺乏关于 BIM 技术的专门培训机构，所以能够熟练掌握 BIM 技术并将这项技术运用到工程项目中的人很少。因缺乏 BIM 技术人才，造成我国 BIM 软件开发慢，且质量不高。

2.项目组织间协作不足

设计单位创建的模型未提供给施工单位和使用单位，建筑信息平台数据没有得到充分共享。不同企业、不同专业各自为政，各建设阶段、各企业、各专业、各班组之间协调不足，未实现统筹管理，没有利用 BIM 管理平台实现项目信息共享。

3.工作流程不清晰

BIM 技术的使用是一种全新的工程管理方式，有的项目引入了 BIM 技术，但传统的管理方式还未被项目管理者摒弃，全新的 BIM 管理方式及工作流程受到传统管理方式的影响，这就导致管理者既没有按照 BIM 技术工作流程实施工程管理，又没有完全按传统的方式进行工程管理。

4.缺乏培训

为了应用 BIM 技术，企业通常会组织学习能力强的技术人才接受 BIM 技术培训，但是企业缺乏培训机制，受训人数不多，培训不够系统，缺少能全面指导 BIM 实施的专家，且培训时间短，甚至学员要在培训期间处理其原本的工作，学习压力较大，导致培训效果不佳。

5.BIM 应用责任和风险分担不明确

对于 BIM 技术的应用，到底是由建设单位、设计单位牵头，还是由施工单位牵头，BIM 技术投入所产的费用如何分摊，应用 BIM 技术可能对项目产生的风险如何分担，目前这些问题都没有明确的法律法规可依，这就造成 BIM 技术没有积极的推行者。

（三）BIM 技术因素

1.软件体系障碍

现在，市面上的 BIM 软件来自不同的厂商，应用于不同的行业，功能各不相同的软件兼容性差，操作难度大，效率较低，项目参与方无法基于 BIM 进行信息交换和共享，并且数据保密难度大，导致应用不同软件建立的 BIM 信息模型无法或很难进行信息的无损传递，导致信息共享困难。

2.硬件障碍

BIM 技术是全专业全周期的信息模型，该模型具有信息庞大、多维度、动态性等特点，使得其对硬件的要求较高，使用普通配置的计算机难以满足 BIM 模型的创建和平台的搭建工作需要。如果要运用 BIM 技术，就要求参与者都能满足信息模型运行的硬件设备，这在无形中为使用者增加了经济负担。

3.技术交互障碍

由于 BIM 技术的信息交互缺乏统一的标准，不同的 BIM 软件操作方式和数据处理方式不同，建模和分析数据的方式也不一样，这就导致不同软件创建的 BIM 技术信息模型不能共享。还有的项目会采用国外的 BIM 软件，不利于我国工程数据安全和信息保密。

4.产业链不够成熟

目前，BIM 技术的应用大多数停留在项目施工阶段，未将 BIM 技术应用到项目建设的全过程，材料、设备、构配件供应商难以与设计施工单位共享 BIM 模型，BIM 技术没有形成全方位产业链，这直接影响了 BIM 技术的发展和推广。

（四）经济因素

1.前期投入高

项目要采用 BIM 技术，前期需要投入大量的资源，包括时间、技术、管理、软硬件、培训、聘请专家等方面的投入，这些投入都发生在项目建设前期，也都是客观存在的投资支出，给项目建设带来很大的经济压力。高昂的BIM投入成本，提高了BIM技术的准入门槛，在资金限制且收益难以保证的情况下，投资者使用BIM技术的积极性必定欠缺。

2.收益不明显

应用BIM技术，能够在项目建设期和运营期节省建设成本和维护成本，但因节省的成本难以统计，所以BIM技术的应用一直停留在设计和施工阶段，难以贯穿项目全生命周期，特别是在项目投入使用后的建筑运营维护阶段，从而忽视了BIM在项目运营维护阶段的效益，这让管理者认为采用BIM技术给项目带来的收益不高。

3.投资回报周期长

在项目建设前期和建设实施期采用BIM技术，要投入软件设施、硬件设施和人力，会增加项目投入。应用BIM技术能获得的投资回报往往是在项目建设后期和运营维护期产生的，投资回报时间较长。

4.咨询费用高

由于能够将BIM技术全面用于建设项目的企业不多，且高技能BIM技术人才少，应用BIM技术成本高、风险大，BIM技术的咨询费用高，这就造成项目业主不愿意多花钱进行BIM咨询。

（五）社会环境因素

1.缺乏政府支持

目前，在BIM技术应用方面的政策不够完善，政府虽然出台了一些文件鼓励建筑企业应用BIM技术，但是引导和介入的力度不够，缺乏鼓励性和强制性的政策。另外，政府对BIM技术的宣传力度也不够。

2.法律不够健全

由于与BIM相关的法律不够健全，BIM参与方责任不明确，一旦出现问题，就可能出现相互推诿现象甚至产生纠纷，率先采用BIM技术的企业，势必要承担BIM技术不成熟带来的风险，这必然会影响BIM技术的应用与推广。

3.标准缺失

我国引进 BIM 技术多年，国外的标准不适应我国的建设项目。随着 BIM 技术的不断进步，在国家层面，虽然出台了一系列的 BIM 技术规范，但现阶段的 BIM 技术标准规范大多是指导性而非强制性的。我国虽然有一些 BIM 技术相关标准，但由于应用软件的多样性、BIM 软件本身技术的不完善、项目管理的复杂性，使得 BIM 标准不够完善，难以统一，没有形成完整的 BIM 使用和交付标准，这就造成 BIM 的使用和交付出现质量参差不齐的情况，应用效果不理想，导致 BIM 的价值无法被完全体现。

4.缺乏合同范本

传统的建筑合同文本未对 BIM 技术作出明确规定，无法就 BIM 技术明确双方主体的权利和义务，以及违约责任和赔偿依据，另外，应用 BIM 技术要求信息共享，这会带来知识产权的归属、保护困难等问题。

5.缺乏应用 BIM 技术成功案例

我国的 BIM 技术应用起步较晚，加上项目应用 BIM 技术前期投入大、效益不明显，很多企业不愿意主动尝试使用 BIM 技术，所以可供参考的应用 BIM 技术的成功案例和经验较少。

6.市场活力不足

由于建筑市场主体的参与度不高，协同工作存在困难，导致市场活力不足。目前，对于大型项目，虽然要求采用 BIM 技术进行设计施工，但还有很多中小型项目仍采用低价中标的评标方式，这对需要增加前期投入的 BIM 技术的应用与推广是不利的。

二、促进 BIM 技术在我国推广应用的相关建议

（一）加强政策引导与资金扶持

BIM 未来的发展，一方面取决于政府的导向，另一方面取决于项目参与方的参与程度。若要广泛应用 BIM 技术，国家要建立完善的法律体系，明确参与者的"权责利"与风险分担方式，提高参与者的主动参与程度。

政府可以通过政策引导改善市场环境，甚至可以采取强制措施，规定建筑企业在大中型项目或者技术复杂的项目招标文件中必须运用 BIM 技术，在其他项目招标文件中

鼓励承包企业采用 BIM 技术或者在评标时给使用 BIM 技术的投标人加分。

　　政府应加大资金扶持，建立 BIM 专项资金。通过加大财政支持力度、加大金融支持与服务力度、减税降费、投标加分、表彰典型等，鼓励企业自发性应用 BIM 技术，以提高企业应用 BIM 技术的积极性。

（二）制定标准体系和合同示范文本

　　行业协会要完善制度和标准体系，打破模型间数据接口的壁垒，完善数据传输标准；明确项目各阶段模型创建的范围、模型细度等，要求制定 BIM 类标准合同示范文本，明确各方约定责任和处理相关争议的方式，并要保护 BIM 知识产权；要做到既能实现 BIM 数据的共建共享，又能保护知识产权和企业数据隐私。

　　建筑企业要总结 BIM 工作经验，吸取国内外应用 BIM 技术的成功案例，组建专业团队，建立一套符合自身的 BIM 工作结构和工作流程，提升 BIM 模型交付质量，以降低 BIM 技术应用的成本，加快 BIM 应用成果的转化，提高 BIM 应用的效率。

（三）推进软件研究与开发

　　BIM 软件开发公司要加强研究，加快符合国内本土化 BIM 软件投入市场的步伐，鼓励企业运用国产自主、可控的 BIM 技术，开展项目全生命周期的 BIM 应用；建立 BIM 信息共享服务云平台，推动信息传递云端化，实现数据互通，做到项目策划、设计、生产、施工、运维环节数据共享，增强 BIM 软件的功能，降低软件的使用难度。对于不同的软件，要预留接口，使不同软件的信息能够实现共享，推进 BIM 技术的共同发展。

　　建筑企业要根据自身的情况和 BIM 团队的水平，对 BIM 软件进行二次开发，开发符合自身管理水平和技术水平的软件。

（四）多元化人才培养，丰富学习形式

　　建筑行业和企业应为从业人员创造 BIM 技术学习条件，丰富从业人员的学习形式，使从业人员主动学习，从而提高企业 BIM 技术应用能力和管理水平。建筑企业要加强对员工进行系统的 BIM 培训，聘请专家指导，创建学习平台和交流平台。

　　高校作为专业人才输出的源头，要重视对高技术复合型 BIM 技术人才的培养，鼓励师生参与 BIM 技能大赛，鼓励教师轮岗参与实际 BIM 项目工程管理，鼓励教师参与 BIM 技术相关科研，提升教师队伍的 BIM 技术应用能力。

（五）实现 BIM 技术深度应用，提高使用效率

要推广使用 BIM 技术，就要实现从策划、设计到施工多阶段应用 BIM 技术。将 BIM 技术与 VR 技术、物联网、三维激光扫描技术、GIS 等深度融合，拓宽 BIM 技术的应用领域。将各参与方置于 BIM 协同平台上，各参与方基于协同平台能够进行信息的传递和共享，实现 BIM 技术协同化办公。

（六）加大宣传力度，增强意识

政府和行业要加大对 BIM 优势的宣传力度，宣传采用 BIM 技术给项目带来的长期效益，各级住房和城乡建设部门要加强对 BIM 审查工作的政策解读和宣传。行业、企业要立足长远，重视 BIM 技术的研究、应用和推广。从业人员，尤其是企业高层管理人员，要破除心理障碍，转变观念，增强意识，提高对 BIM 技术使用价值的认知，接受在项目中使用 BIM 技术。

第二节 BIM 技术在建筑工程绿色施工领域的发展

一、绿色发展背景下建筑行业工业化存在的问题

（一）缺乏统一标准

在绿色发展理念下，为了实现我国经济的绿色转型，国家提出了新的发展战略，即可持续发展战略。随着战略的实施和推进，各行各业都在响应的国家发展战略，积极推动节能减排。建筑行业作为环境污染问题较多的行业，更应推动行业转型，重视节能环保，实现建筑工业化，所以绿色发展和建筑工业化已经成为建筑行业的发展新趋势。为了实现建筑行业的工业化和绿色转型，国家应制定相应的行业标准，指导行业发展。但是，目前建筑行业工业化发展缺乏明确、有效的标准，没有明确的发展方向，绿色建筑市场的运行没有完善的引导和管理，极大地阻碍了建筑行业工业化发展的进程。

（二）缺失施工机制

在绿色发展背景下，要想让建筑行业实现绿色施工，就需要有一套全面完善的施工机制，对建筑行业的施工活动进行管理，让建筑行业项目施工按照规定的流程进行，减少施工流程中存在的环境安全隐患，实现统一管理。要将绿色和工业化指标融入建筑行业发展中，对建筑行业发展进行评估，督促建筑行业实现绿色发展和工业化发展。但是，目前建筑行业工业化缺乏科学的施工机制，建筑行业施工流程缺少规范、引导和评估。因此，建筑行业很容易走向无序化和粗放式的发展道路。此外，施工机制问题也会阻碍建筑行业的工业化进程。

二、BIM 技术运用于建筑工业化的意义

（一）方便设计模拟

在建筑工程施工现场，为了规划施工过程，预测施工过程中可能出现的问题，需要画出施工设计图，并对项目过程进行模拟。这是建筑工程项目必要的前期工作，而且是前期工作中比较复杂的工作，需要相关人员慎重对待。在建筑工业化中引入 BIM 技术，能够利用 BIM 模型的项目全生命周期模拟功能，方便工程项目的便捷设计模拟。

（二）提高施工效率

建筑行业实现建筑工业化，能够降低能源消耗，提高施工速度，保障施工安全，而BIM 技术的应用将强化这一效果。通过对建筑工程项目的过程管理，借助 BIM 技术，能够使工程项目有序施工，在科学管理下提高建筑行业的施工效率。

（三）实现规范设计

建筑行业实现工业化，能够使行业发展趋向于标准化，这种标准化体现在很多环节。建筑工业化能够生成大量的数据，这些数据能够给建筑的设计提供数据支持，通过数据对建筑工程进行管理。在数据分析方面，能将数据通过 BIM 技术模型展现出来，从而帮助相关人员观察三维模型，进行过程模拟，及时、全面地发现设计上存在的问题，减少设计失误，保障施工过程的科学性。

（四）控制建设成本

在建筑施工过程中，在资金调配和管理方面存在一定的难度，而缺少全面管理，可能会造成成本的增加和资金的流失。将 BIM 技术引入建筑工业化，能够加强对项目过程的管理，增强透明性；有利于项目资金的管理，避免资金的浪费，从而降低建设成本。同时，建筑行业的人工成本也是总成本中的重要组成部分，利用 BIM 技术的相关功能，能够通过计算机进行数据的处理、分析工作，降低人力成本消耗。

三、BIM 技术在建筑行业的发展

目前，我国的工程造价管理仍有许多不足之处，对于一个大型建筑工程来说，在造价过程中不可避免地会存在各种误差。BIM 技术作为建筑行业的新工具，能够最大化地提升工程造价计算数据的准确性和计算效率，并实现对施工中各个环节的有效把控，还能够有效地节约成本，减少材料浪费，提升工程效益，从而落实可持续发展的理念。

BIM 作为一种新工具，是建筑业的二次革命，现在广泛应用于城市地铁管理信息系统、隧道工程、机电安装工程、围堤工程、桥梁工程、市政给排水设计等，如上海中心大厦、北京凤凰国际传媒中心和上海迪士尼度假区的修筑，都应用了 BIM 技术。

上海中心大厦高达 632 m，是一座超高层地标式摩天大楼，并且它的设计高度超过附近的上海环球金融中心，在建设过程中运用 BIM 技术，提高了施工效率，仅用了 73 个月就完成了 57.6 万 m² 的楼面空间建设。大厦外幕墙承包商沈阳远大企业集团运用 BIM 技术，不仅使生产加工的 2 万多块玻璃幕墙板块到达上海中心大厦工地安装后没有一块需要返工的之外，而且实现了全场仅需 16 个工人即可开展快速安装。

建筑业的发展应与国家发展方向一致，在信息化时代，建筑工程技术专业应主要培养适应社会主义现代化建设需要，德、智、体、美、劳全面发展，以掌握 BIM 技术为核心，获得岗位能力基本训练，主要从事建筑工程施工管理的复合型高技能创新人才。

四、绿色发展背景下运用 BIM 技术的建筑工业化发展路径

（一）信息交流便捷化

在项目施工过程中，需要加强与项目相关各方面的信息交流，从而保证建筑工程的质量。但目前，建筑行业在信息交流方面的工作还存在不足，设计、施工、监管等各单位之间的信息交流不畅，导致施工过程中容易出现问题。例如，设计单位在根据业主需求进行设计时，可能只是满足了业主的需求，而没有与施工单位沟通，不了解具体施工的难度，以及施工方案是否可以顺利实现。这样，容易造成设计单位与施工单位之间的矛盾，可能出现无法按照设计方案顺利施工的问题，阻碍项目进程。因此，实现建筑工业化，需要加强各方的信息交流。

（二）生产模式一体化

在预制组件的设计、制造、施工和维护过程中，利用 BIM 模型所提供的数据，能够帮助实现预制组件工作过程的一体化。在实现预制组件工作一体化之后，各项工作会更加方便，工作效率会提高，也方便对建筑工业化预制组件的过程和各项活动进行管理。例如，对组件的设计、制造、安装进行管理，还有运输和监督等方面的管理。科学管理能够帮助建筑行业实现绿色发展，降低成本消耗。因此，利用 BIM 技术实现建筑工业化，需要推动生产模式的一体化。

（三）组件检验智能化

在建筑工业化施工过程中，需要对各种预制组件进行合理匹配，根据组件的功能和工程需要进行分配。但由于组件过多，容易出现匹配不准确的情况，则需要对组件是否合理匹配进行检验。运用 BIM 技术，能够使组件检验智能化、更方便。

在施工前，先运用 BIM 技术进行组件检验和施工分析，BIM 技术的模型功能能够准确标明组件的安装位置和安装顺序，发现组件匹配问题，加快组件的安装进程，提高组件安装的准确性。组件安装作为建筑工程中的重要环节，其准确性的提高能够带动建筑工程整体准确度的提高，从而减少资源消耗，推动绿色发展和建筑工业化。

（四）施工模拟全面化

为了推进施工进程，减少施工过程中的失误，建设单位需要对建筑工程施工阶段进行模拟，以便及时发现问题。BIM 技术的模拟功能非常强大，能够实现项目全生命周期的模拟，为工程模拟提供信息支持。同时，通过准确、全面的项目模拟，能够帮助建设单位对项目进行审核，思考项目的可行性，为项目投资决策提供支持，对施工项目的各环节开展模拟工作，也能减少失误。

在施工设计环节，利用 BIM 技术对施工过程进行模拟，所得的模型数据能够为施工设计提供数据支持，确保施工设计符合具体情况，具备实效性，能够解决实际问题。在工程审核监督环节，需要对施工过程中的各环节工作数据进行收集和比对，将实际收集数据和 BIM 模拟数据进行比对，以快速、准确地发现具体施工过程中存在的问题。在预制组件的选择和使用环节，通过 BIM 三维、四维模型的施工过程模拟，能够为决策提供信息支撑，实现科学、合理决策，从而避免组件资源的浪费，实现绿色环保。

在建筑工业化过程中，借助 BIM 技术，能够有效模拟建筑施工过程，及时发现施工中存在的问题，并对此建立有效的解决机制，优化各项生产要素，结合绿色施工理念，有效控制工程施工成本，构建智能化的组件检验方式，提高信息交流的便捷性与高效性，优化预制组件的设计与制造，建立一体化生产模式，并结合工程施工，进行一定调整，提高建筑工程的施工效率，达到良好的节能效果。

第三节 BIM 技术在项目成本控制中的应用及发展

现阶段，基于社会经济和科学技术不断发展的背景，建筑行业得到了快速发展，究其主要原因，是因为 BIM 技术在建筑工程中的应用。BIM 技术的应用，在一定程度上提高了建筑工程的质量，同时为建筑企业带来了一定的经济效益。但是部分建筑工程在应用 BIM 技术时，并没有取得理想的效果，也影响了其在行业中的发展。

在全球经济化发展的背景下，我国整体的经济水平得到进一步提升，同时加快了城镇化的发展步伐。随着人们的生活质量越来越高，人们的安全意识越来越强，对建筑工程的建设质量提出了更高的要求。由于建筑工程的建设对于城市经济的发展具有促进作用，因此也得到了各部门的高度重视。就建筑行业的发展现状来讲，传统的管理方式对于建筑行业未来的发展具有一定的阻碍作用，而在建筑工程中应用 BIM 技术，能够实现质量与利益的双赢，推动建筑行业的稳定发展。

成本控制是工程项目建设中的重要组成部分，对于使用国有资金的建设方来说，直接反映了预算资金的使用管理水平，对施工企业来说，则决定了企业的投资回报率。在优胜劣汰的市场条件下，成本控制不善的企业是没有竞争力的，所以将 BIM 技术科学、有效地运用到项目成本控制管理工作中刻不容缓。BIM 技术可以强化项目管理力度，合理、精确地对项目作出规划，有效避免了预算外更改、工期延误等情况出现，有助于建设方与施工方及时发现矛盾和解决矛盾，以优化成本控制计划，减少不必要的工程消耗，提高各方的经济效益。

一、成本控制

成本控制主要是在保障工程质量的前提下，对生产投入的资本进行有效控制，避免出现资金入不敷出的现象，从而降低企业的财务风险。在建筑工程中，对施工成本进行控制的有效方法如下：

其一，在工程施工前，聘请专家进行工程施工预算，根据预算开展后续的施工工作。

其二，在选择原材料时，在保证原材料质量的基础上，由采购人员对多个原材料厂家进行质量和价格对比，选择物美价廉的合作厂家。

其三，加强工程管理，对工程施工的每个阶段进行有效监督，以保障施工的进度和质量，减少资金浪费。

二、BIM 技术在项目成本控制中的具体应用

（一）在成本计划编制中的应用

任何一个项目都有相应的投资计划，如何在项目建设中合理分配资金，是所有建设单位必须考虑的问题，这就需要制订一个参考性比较强的成本计划。BIM 的大数据库可

存储以往项目的成本计划，并与现行项目对比分析，快速选取相同信息，参考其可行性，以之为指导依据，结合具体项目进行适当改编，可使项目成本控制计划更加合理准确，并且能够快速、高效地完成。

（二）在设计、招投标阶段的应用

在项目设计阶段应用 BIM 技术，可有效提高项目设计质量，使项目投资控制在较为精准的范围内，保障项目总投资的确定。在项目招投标阶段编制标书时，通常要对巨大的工程量进行复核，而利用 BIM 模型的自动计算功能，可以快速、高效地完成工程量的复核工作，这种便捷的工作方式，可有效减少人工误差。同时，运用 BIM 技术，可以检查设计方案中可能出现的问题，提出可行的整改、优化方案，使项目投资预算、招标文件的编制更加科学、经济，保证预算资金的合理、高效利用，同时也能提高投标方投标策略的实效性。

（三）在签订合同阶段的应用

确定中标单位以后，业主和施工单位需要根据具体的合作方式签订施工合同，合同中的具体施工措施、施工技术要求等都与项目成本息息相关。通过 BIM 软件对合同内容进行分析，可以准确核算出具体的施工步骤对应的消耗成本，并寻找可能存在的重复问题，提前发现问题，然后通过 BIM 信息共享，使建设单位和施工单位能快速沟通、交流，共同解决问题，及时签订合同，避免日后发生纠纷，保证合同的有效性。

（四）在施工阶段的应用

建设项目一般涉及很多不同的工程，而不同的工程又有很多细小、繁杂的设计施工方案，运用 BIM 技术建模完成以后，可以对图纸进行审核及优化，减少图纸错误和设计失误。运用 BIM 技术，可以对大量数据图纸深入综合地分析，可以提前找到很多设计漏洞，例如管线布置冲突、材料选用不合理等，避免了日后的返工修复，减少了人力、物力消耗。同时，项目双方可以在建设过程中，通过 5D 建模分析，将计划工期与实际进度进行对比，及时调整施工计划，可以有效保证工期，减少各方的经济损失，从而实现对成本的有效控制。

三、BIM 技术在项目成本控制中的应用优势

（一）减少成本投入，增加项目的经济效益

将 BIM 技术应用于项目成本控制管理中，充分发挥技术信息化的优势，灵活运用其处理数据的功能，充分了解项目人工、物力具体投入等情况，可有效掌握项目资金输出方向，以实现精细化控制成本，减少成本浪费，提高项目的经济效益。

（二）提高参建各方的成本管理效率

运用 BIM 技术建立项目成本数据库，为成本策划提供数据基础，简化工作流程，明确各级任务责任，使成本管理更具规范性，改善成本控制管理现状，提高成本管理效率，方便工作人员快速、有效地制订成本计划，并能动态监测项目运行时的成本变化详情，有效规避非正常的成本消耗。

（三）使建设项目的资源得到合理利用

我国的可持续性发展计划要求项目各方充分发挥资源的作用，而建设项目各方面资源投入较大，通过 BIM 技术进行项目成本管理，可以利用技术优势，减少资源浪费，制定合理的资源取用方案，提高建设项目的资源利用率。

（四）提高建设方运行维护阶段成本管理效率

通过 BIM 技术的 3D 可视化模型与物联网、移动应用等新的客户端的结合，依托云计算和大数据等服务端技术，使项目建设完成后运行阶段的维修维护、能耗监控、资产管理、空间管理等管理效率得到有效提高，同时降低运维成本。

综上所述，BIM 技术在建设项目中的应用前景非常广阔，在项目成本控制中仍有非常大的应用潜能，项目建设各方要不断加强对相关技术的学习，提高 BIM 技术在项目成本控制管理中的利用率。

第四节 BIM 技术在数字化建筑设计中的发展

一、基于 BIM 技术的建筑信息平台构建

除了传统建筑信息管理自身存在诸多不足之处的主观原因以外，由于社会各方面的高速发展，导致目前建筑信息管理面临着数据信息数量日益增加、内容愈加复杂等客观难题。为了适应时代的要求，避免建筑信息管理出现信息传递迟缓、利用率低等问题，鉴于前文所述的 BIM 优势，提出构建基于 BIM 技术的建筑信息平台，从而提升信息管理效率的策略。

（一）基于 BIM 技术的建筑信息平台构建思路

基于 BIM 技术的建筑信息平台构建，主要通过利用 BIM 技术采集相关数据信息建立模型，以此作为各参与方之间的信息沟通载体。利用 BIM 技术的数据准确、整合、及时、兼容等特性，建立信息协同管理系统，整合各参与方的信息模型，实现各参与方数据高效、准确地交换、传递和共享。在此思路下，基于 BIM 技术的建筑信息平台构建策略，有以下三方面重点：

1.在信息模型方面

模型是各参与方之间信息沟通的载体，由于各参与方所需的数据信息不尽相同，加上数据信息快速增加的客观原因，因此在构建基于 BIM 技术的信息平台时，应当针对各种专业和类别创建相对应的 BIM 模型，使其承载的信息分类有序，从而保证数据信息的高效存储。此外，BIM 技术具有及时性，必须通过及时的数据信息采集，对模型进行持续扩展和更新，保障模型能够随时反映当前的实际情况。

2.在信息数据方面

在实际应用中，无法保证各参与方所用软件相同，因此数据信息的形式必然会呈现多样性。针对这个问题，各参与方必须使用相同数据信息交换公共标准下的软件系统，避免数据信息在传递交换的过程中发生错误。此外，还必须建立 BIM 数据库，以此保

障各参与方随时能够高效地进行数据信息的传递和共享。

3.在信息安全方面

随着信息化技术的发展，大众逐渐意识到了信息安全的重要性。因此，构建基于 BIM 技术的建筑信息平台，必须特别注重信息的安全，避免出现信息泄露等安全问题。

（二）基于 BIM 技术的建筑信息平台架构设计

1.基于 Web 技术的协同模式

伴随超文本传输协议（Hyper Text Transfer Protocol，HTTP）以及 HTML 的出现，万维网（World Wide Web，Web）技术应运而生。计算机支持协同工作（Computer-Supported Goopemtive Work，CSCW）是指通过海量数据传输及分布式数据库管理技术，实现参与方基于计算机的协作，CSCW 是 Web 技术实现的基础。Web 技术能够集成文本、图像、声音，以及交互式应用程序等要素，通过浏览器实现数据信息的传递共享。因此，各参与方可以通过浏览器或相应的客户端软件，向 Web 服务器发出操作后台数据库的请求，从而在 Web 上提取相关的数据信息。基于 Web 技术的协同工作模式，常见的有 B/S 和 C/S，或者将两者结合使用。

2.BIM 信息系统的架构

鉴于前文的分析，笔者在设计中所采用的 BIM 信息协同系统将结合使用两种模式，集合 C/S 模式和 B/S 模式各自的优点。这样，既有 C/S 的及时性与高安全性的优点，又有 B/S 客户端的便利性优点。

在 BIM 信息协同系统架构设计中，将系统架构的层次分为表示层 UI、业务逻辑层 BLL、数据访问层 DAL 等具有不同功能的三层。具体地说，参与方需要通过表示层的用户访问系统才能进入，在此层可以及时地对相关 BIM 模型及资料信息进行上传、下载等操作，实现信息传递共享；在业务层，通过 Web 服务器实现外部异构系统或本地用户对系统功能的调用，主要包括负责具体业务处理的业务逻辑层和实现数据访问的数据访问层，其作用是接收从表示层或数据层发送的信息指令，将需要处理的业务逻辑抽象为业务处理算法，完成数据信息处理；数据层的主要作用是接收业务层的数据请求指令，并向数据库提出请求，再将数据库的处理结果反馈回业务层。此外，BIM 数据库是整个系统的数据基础，提供数据信息的存储、检索、更新，以及管理服务。目前，常见的是使用结构化查询（Structured Query Language，SQL）语言实现数据库的数据传输。

由于在实际应用中各参与方的数据类型必然复杂多样，因此设计的数据库包括 BIM 数据库、IFC 数据库、可扩展标记语言（Extensible Markup Language，XML）文件及其他数据文件。其中，BIM 数据库包含各类项目 BIM 数据，IFC 数据库包含基于 IFC 标准的数据库，XML 文件包含结构化和半结构化的信息数据，其他数据文件则包含了照片、图表、文档、视频等数据。建筑信息平台海量信息的内容复杂、形式多样，是一个非常复杂的系统。随着信息技术的快速发展，运用先进技术构建建筑信息平台已是必然趋势。

二、BIM 技术在数据中心管线综合中的应用

近些年，建筑行业的新技术层出不穷，项目的结构形式越来越呈现多样性、复杂性，因此对于项目的管线综合提出了更高的要求。传统设计中的管线综合只能在二维图纸中进行调整，设计师很难全面、直观地考虑问题，导致管线综合出现了以下几项缺陷：

①管线碰撞主要依靠设计人员人工查找，效率低下。同时，管线在结构复杂的项目中，需要设计师在平面中对梁高度与管高度进行计算，过于烦琐。

②传统管线综合调整多为局部调整，对整体管线位置无法进行整体把控。

③传统的设计中管线综合不够直观。

目前，数据中心工程的建设越来越多。由于数据中心设备管线布置系统烦琐、设备造价高、涉及专业参与方多等，可能造成施工返工或者浪费现象，甚至由于设计不合理导致存在安全隐患。对于管线复杂的数据中心项目，利用 BIM 进行管线综合已经成为必然。BIM 技术在数据中心项目中的应用，从三维立体化角度进行管线综合，方便设计师进行直观的校对检查。同时，BIM 软件自带的碰撞检测极大地提高了管线综合的效率，保证了设计的质量。BIM 技术提供了三维建模、数据添加、虚拟施工、碰撞检测、三维设计协同等功能，能够使各专业设计师参与协同管理，动态控制，从而使效率提升。在设计阶段，在 BIM 软件中录入的相关数据，可为后续的施工阶段和运维阶段提供重要参考。

由上述内容可以看出，BIM 技术可以为数据中心管线综合提供优秀的解决方案。

（一）BIM 碰撞检测原理与分类

BIM 技术中的碰撞检测实际上是一种计算机软件算法，通过三维场景模型的搭建和

相关构件的三维尺寸，基于相关算法，对建筑构件的相关位置进行碰撞检测。

对于数据中心的设计来说，BIM 技术在很大程度上能够解决实际工程中的返工问题和工程变更问题。碰撞问题一般分为两类，一类是工程中构件实体发生相交，定义为"硬碰撞"；另一类是对工程中的实体构件出于安全、施工便利等因素考虑，在构件间设定最小公差，当小于最小公差时，定义为"软碰撞"，也可以称为"间隙碰撞"。硬碰撞主要出现在设计阶段，结构梁、空调管道和给排水管道之间经常会由于空间高度发生碰撞；软碰撞主要是在施工阶段，为使施工更加便捷，需要预留出空间进行安装，方便后期的检修，这些都需要提前设置好最小的空间距离。这类问题在数据中心出现的频率很高，对其进行详细的分类，可以帮助设计师快速判断并进行调整。

（二）BIM 技术模型碰撞调整的方法与原则

在传统的二维管线综合中，管线碰撞调整遵守一定的调整原则。而在 BIM 管线碰撞调整中，也遵守一定的原则，这些调整的原则决定了设计的合理性与合规性。在数据中心的设计中，这类设计原则更是不可或缺的。碰撞调整大致按照以下方法与原则进行：

从设计角度进行管线的排布，对机电专业的风管、水管、桥架等构件在 BIM 软件中进行合理的安放。在管线碰撞位置，按照固定的设计原则进行管线的避让，例如压力管避让重力管、重力管预留排水坡度等。

管线碰撞调整的顺序。由于管线调整由整个机电专业参与，涉及多个专业的设备管线，因此需要对管线调整的顺序进行合理安排，其基本顺序为无压管→风管→桥架→余下压力管，需要考虑各个细节内容，保证排布内容合理。

管线调整的方法、步骤。对机电进行调整的步骤，是整个碰撞调整的指导性步骤，各专业在前期建模过程中的模型搭建、模型连接方法等都会在这一部分进行说明，在管线标高排布上按照建筑物的功能区分管道的优先原则，在水平排布上按照管道之间的规范间距和检修空间放置管线。这些方法、步骤都会对管线综合起到至关重要的作用。

（三）BIM 技术模型碰撞检测工具的对比

随着 BIM 技术的发展，很多软件厂商推出了自己的管线碰撞调整工具。这些工具能够在自己的程序下进行三维实体碰撞，能够更加直观地告诉工程设计人员出现碰撞的位置和碰撞的原因，这里对几种碰撞检测方法进行对比（见表1）。

表 1 碰撞检测方法对比

软件	优点	缺点
Revit	自带检测功能，简单、易操作，可在单个平台中完成位置检测、定位、调整工作	当模型较大时，对计算机的性能要求较高，只能进行硬碰撞
Nsvisworks	对于模型轻量化的支持较好，支持软碰撞，可以导出碰撞报告	需要对模型进行转换；对后续模型的调整，需要对照碰撞报告进行
Dynamo	可以根据插件程序，快速识别碰撞点，也可以完成碰撞调整工作	程序代码编写较复杂，需要借助 Dython 进行程序打包，对人员操作的熟练度要求较高
国内插件厂商	二次开发插件符合大家的操作习惯，同时兼备了上述几种方法的优点	个别项目检测的稳定性有待考证

表 1 所述方法各有利弊，可以针对各个阶段、各种情况进行碰撞检测方法的选择。Revit 自带的碰撞检测功能可以用于模型的大范围检测，从而实现模型质量的快速浏览。对于小体量项目，也可以根据检测结果直接进行管线调整，方便快捷。Dynamo 的使用需要相关的代码程序，虽然前期准备工作量较大，但后续定制化的开发可以更符合实际情况。综上所述，对于方法的选择，得根据实际项目情况与需求来确定。

（四）BIM 技术在实际项目中的碰撞应用

上海浦江 B 数据中心位于上海漕河泾新兴技术开发区，总建筑面积为 20 230.15 m²，建筑高度为 24 m，其中 1 层层高为 5.4 m，2～4 层层高为 4.2 m，5 层层高为 4.1 m，标准层净高仅为 3.4 m 左右。作为数据中心改建项目，建筑高度非常有限，传统设计手段和工具很难在有效的空间内实现大量机电设备和管线等的合理排布。在建筑层高严重不足的情况下，引入 BIM 技术的设计手段，实现空间最大化的合理应用。

在上海浦江 B 数据中心改造项目中，BIM 技术主要用于解决管线复杂，碰撞较多的问题，该项目的空间高度对于改造来说，需要准确地进行管线排布，保证最低净高要求。传统二维设计会导致严重的管线叠加碰撞情况。例如，数据中心的空调冷凝水管道和冷却水管道直径都超过 500 mm，对于翻弯处理比较困难，因此在解决此类碰撞的时候，要注意保证项目的实际可行性和净高要求。

在项目设计初期，就开始采用 BIM 技术，在二维设计的同时，BIM 设计也同步进行，项目采用 Revit 平台进行模型搭建，采用链接形式，分专业进行建模。在按照二维图纸进行建模的过程中，会出现很多专业内或者专业间的碰撞。这些碰撞产生的原因，主要有如下几点：

1.二维图纸对于管径考虑不够周到

在二维图纸中，管径的表达仅为二维标注，在平面上对于管线的表达过于简单，仅有管中心线，对于管件的表达也仅在说明中进行了简单的阐述。在实际施工过程中，翻弯偏移等操作需要对管件进行连接，由于连接距离在二维图纸上没有进行考虑，因此导致的碰撞主要有两类：一类是管径未考虑清楚导致的管道碰撞；另一类是管件安装导致管道的位置受到调整，最终导致管道碰撞。

2.二维图纸节点部位表达不清

在重要的节点部位，如水泵房出管位置、走廊交叉点等，这些位置的交叉情况会导致碰撞经常发生，这些地方也是碰撞调整的难点，对机电调整人员有很高的专业要求，同时调整完成的合规性、合理性和最优性也需要进行再次验证。

3.模型空间管道排布不合理

在二维设计过程中，各个专业间的沟通不顺畅。数据中心管线情况复杂，管道的空间十分局促，导致管道的排布位置会有重叠，从而出现管线碰撞等情况。对于管线位置、复杂节点位置，需要着重处理，考虑管线的走向排布，尽可能地利用有效高度进行管线避让。

（五）BIM 模型碰撞调整的成果输出

在模型的碰撞问题完全解决之后，管线位置的变化较少，可能只是局部的变化，对于这部分内容的输出，一般采用问题报告的形式，二维设计人员能够根据问题报告快速地定位问题并修改二维设计图纸。对于管线位置变化较多的情况，一般会采用 BIM 软件出平面管线定位图纸，二维设计人员按照 BIM 出图内容进行二次设计，加入设计相关参数，完成整个机电设计。

第五节 基于大数据与云技术的 BIM 技术应用与发展

一、基于大数据的 BIM 技术应用与发展

（一）大数据与建筑业数据

1.大数据的特点

根据国际数据公司的检测结果，各行业产生的数据量大约每两年翻一番，呈指数级增长态势，人类社会已经迈进大数据时代。大数据的特点可用 4 个 "V" 表达，即总量大（Volume）、多样性（Variety）、时效性（Velocity）和价值大（Value）。前三个特征是从数据本身和数据处理要求来对大数据进行描述的，但数据积累和应用的最终目的是产生价值。通过数据分析与数据挖掘，将数据中反映出来的规律进行归纳总结，形成知识，进而从大数据中识别有用的信息，创造价值。数据的生成和收集是大数据分析的基础，数据挖掘得到的信息与知识是大数据的价值所在。

2.建筑业数据

建筑业在管理过程中会产生大量信息。建筑业包括普通民用建筑、工业建筑、道路、桥梁等的设计、施工和维护。建筑设计阶段的分析、建模、计算和绘图，施工阶段的进度控制、造价控制和质量控制，完工运营阶段对建筑的监控、维护等，都会产生大量数据。建筑物中包含着各种各样的信息，建筑的结构、给排水系统、空调系统和电气系统等各种资源供给和环境营造等，产生了复杂的数据。建筑业数据具有数据类型多、数据总量大、数据收集难、数据交互性强、数据时效性高等特点，提高了数据后期处理分析的难度。

BIM 的发展离不开大数据的支持，将建筑业数据信息进行全生命周期的建模、项目管理和数据集成，进行建筑业大数据挖掘，可形成以软件为载体的建筑信息共享和协作平台。推进基于 BIM 的数值模拟、空间分析和可视化表达，研究构建工程信息数据库，最终实现工程信息的有效传递和共享。

3.BIM 数据标准

BIM 模型采用 IFC 体系作为共同的数据标准，采用参数化建模技术，实现信息数据的一致性、关联性、及时性和共享性。IFC 是开放性国际标准，是面向对象的数据模型，定义了建筑业项目全生命周期中的相关实体、过程和关系等，使建筑业的信息能够以数据的形式存在于基于 IFC 标准的模型中。

信息交付手册（Information Delivery Manual，IDM）标准和模型视图定义（Model View Definition，MVD）是对信息的交互过程进行规范化定义，将交互的信息内容、过程和参与者等进行规定，将所需要的数据内容进行有效的利用。IDM 标准是以自然语言定义从 BIM 模型中交换出来的信息；MVD 标准则是将此信息交换过程与 IFC 标准相映射，变成计算机能够读懂的定义。

国际字典框架（International Framework for Dictionaries，IFD）库作为 IFC 标准的补充内容，通过给所有概念分配全球唯一标识（Globally Unique Identifier，GUID）的方式，使计算机能够准确地识别这些用人类语言定义的信息。库中的术语和属性都拥有 GUID 且与 IFC 标准相映射。

IFC、IDM/MVD 和 IFD 是建筑信息模型的数据基础，这三方面的综合应用，给 BIM 模型提供了最基本的数据环境。建模的数据由 IFC 标准格式进行储存，IFD 库对 IFC 标准进行补充，更加细致地用 GUID 标识建筑业中的各种概念。IDM/MVD 对应用 BIM 模型的各项目参与方之间不同的信息交换需求进行了语义定义，并通过与 IFC 标准的映射，让计算机能够识别并处理这些信息交换需求。

（二）大数据环境下 BIM 的发展策略

1.加强行业标准的制定

BIM 应用标准、数据接口标准等是规范行业信息资源，可以促进信息的共享和整合，实现 BIM 技术与项目管理相融合的保障。

近年来，国家非常重视建筑行业标准的制定。住房和城乡建设部在 2012 年开始制定工程建设标准规范，各地方政府相继出台了关于 BIM 应用的各类政策推动和指导性文件。2016 年，住房和城乡建设部发布《建筑信息模型应用统一标准》。2019 年的《建筑信息模型设计交付标准》《建筑工程设计信息模型制图标准》和《建筑信息模型分类和编码标准》三项 BIM 领域重要的国家、行业标准的发布，有力地推动了 BIM 技术在我国的应用，促进了我国智能建筑业的发展。

BIM 标准体系不仅需要国家标准的支持，而且需要企业标准有效地配合。与国家标准相比，BIM 行业标准担任着落地实施的任务。国内 BIM 标准的制定，更要合理地借鉴国外 BIM 标准，确保标准体系的完整性，从而提高建筑工程的整体水平。

2.提高人才培养质量

一是建筑行业企业大力投入，按需培养人才。在项目实践中，不仅要培养掌握 BIM 技术的人，而且应该注重培养具有 BIM 理念、掌握 BIM 方法、具有熟练操作技术的 BIM 复合型人才，结合岗位和业务领域需求，构建合理的 BIM 人才结构体系。

二是高等院校应做到适应社会需要，强化校企协同，培养 BIM 人才；充分调研行业、企业对 BIM 人才的需求，及时调整专业人才培养方案，加大师资培养力度；通过鼓励学生参加专业认证考试等方式，促进学生系统掌握 BIM 技术，提升其能力水平，为社会培养 BIM 技术生力军。

3.构建 BIM 协同平台

企业在 BIM 协同平台上，横向收集建设项目全生命周期的信息，纵向与项目和岗位的 BIM 应用相集成。运用系统的观点、方法和理论，在统一的平台下，开展组织、协调、控制等活动，产生数据，获取信息，进行经营管理与决策，构建多方共赢，形成协同发展的产业生态平台。

2015 年，住房和城乡建设部在《关于推进建筑信息模型应用的指导意见》中明确提出，到 2020 年末，建筑行业甲级勘察、设计单位以及特级、一级房屋建筑工程施工企业应掌握并实现 BIM 与企业管理系统和其他信息技术的一体化集成应用。2019 年，住房和城乡建设部批准《工程建设项目业务协同平台技术标准》为行业产品标准。在政策层面上，为协同平台的应用定下了指导性目标。在国家对 BIM 行业的大力推动下，系统化、协同化的 BIM 平台将有力促进项目全生命周期升级，驱动管理模式的创新，实现企业科学决策，引领建筑业智慧化运行与发展。

BIM 与大数据的融合，推动了建筑业技术水平的不断提升。以 BIM 为核心，随着以移动应用、物联网、人工智能等为代表的新一代信息技术的引入，建筑行业信息化的深度集成与应用对提高协同工作效率，实现项目精细化管理，具有重要的推动作用。这是开创智慧建筑时代的关键所在，这也是未来 BIM 的重要发展方向。

二、基于云技术的 BIM 技术应用与发展

（一）基于云技术的 BIM 应用现状

1.应用价值

当前，很多软件厂商如 Autodesk、广联达科技股份有限公司（以下简称广联达）等都推出了自己的云 BIM 服务，其中主要应用价值点为：

（1）数据共享和文件实时注释及修改

基于云的 BIM 能将模型放到云端，方便项目各协作方对模型进行实时查看、修改及注释。在基于云 BIM 的项目管理中，通过云平台，可方便地集成、检查和优化专业设计模型；项目各参与方可在模型中标记建筑构件，在云平台上动态更新文档及任务，整合短信平台，即时推送信息，使各参与方都能实时掌握项目的进度、质量等信息。

（2）支持各终端、各参与方的实时预览

云 BIM 支持电脑客户端，手机、平板等移动终端的实时预览，相关应用软件可方便下载使用。各使用方通过各自设备登录云端，对项目进行相应的预览和注释，在云端存储、管理 BIM 模型和项目全生命周期的相关信息，随时随地访问工程文件，方便实现项目各参与方在规划、设计、招投标、施工、运维等阶段的信息共享与协作。

（3）利用强大的计算能力，进行图形渲染、施工仿真等

BIM 模型数据量大，大型项目往往达到数百吉字节（GB）的数据，企业的本地服务器往往不能满足运算能力的要求，也不能保证 BIM 应用的及时性及效率。借助云计算强大的数据处理能力，可快速完成大型工程 BIM 模型的渲染和施工仿真等工作，及时集成和显示 BIM 模型的数据修改，使 4D BIM 和 5D BIM 应用于实际的项目管理。

（4）确保数据安全

基于云的 BIM 模式显著提高了数据的安全性。由于云 BIM 项目的相关数据存储在云端，并由 BIM 云服务商采取了更加专业的安全防护软硬件措施，因此为其数据安全提供了更大的保障。

2.基于云 BIM 的收费模式

当前，市场上云 BIM 服务的收费模式有三种：第一种是根据项目预算确定一定比例的收费模式，即整体租赁云服务器，当项目中使用的 BIM 软件按工程预算额付费后，

可在整个施工过程中使用，一般不限制用户节点数，因此不必因云端存储空间增加或超过节点数而另外缴费；第二种根据云空间大小和同时接入的用户节点数收费；第三种是针对具体的单项云 BIM 应用收费，如钢筋算量和放样的云应用。目前，市场上推出的这三种软件收费模式，基本能满足不同企业在云 BIM 应用下的不同需求。

3.基于云的 BIM 软件

目前，提供云 BIM 服务的主要有 Autodesk 的 BIM360、广联达的广联云、鲁班软件股份有限公司（以下简称鲁班软件）的单项 BIM 云应用。BIM360 和广联云具有模型存储、数据共享、文件实时修改、所有参与方模型实时概览等基本功能，可实现移动终端的接入，同时提供不同种类、不同深度的云数据计算服务，如 BIM 专业云端碰撞检查。在收费方式上，BIM360 按项目预算收费，广联云按云空间和节点数收费，鲁班软件将具体的云 BIM 应用集成到相应的软件中，不单独收费。

（二）基于云技术的 BIM 发展趋势

1.统一数据格式，实现 BIM 模型共享与协同

随着 BIM 国家标准和行业标准的出台，企业应完善自己的 BIM 企业标准及项目标准。数据存储和交互格式的统一，将促使原有的 BIM 模型由数据模式改为文件模式传输，极大地减少信息失真现象，使数据模型在各方之间无障碍流通，降低整体建模成本。

2.从设计或施工阶段的云 BIM 应用到整个项目生命周期的云 BIM 应用

由于 BIM 技术的参数化和协同性特点，使 BIM 在整个项目生命周期中的应用可充分发挥其优势和价值，未来的云 BIM 应用必然面向整个项目生命周期。当设计模型进入施工阶段时，将相应的参数加入并调整到适合施工应用的 BIM 模型中，结合施工过程数据和竣工数据，进入运维阶段，并增加相应的空间管理、维修管理等信息，在更长的建筑使用期内进行云 BIM 应用。

3.推动管理模式变革，更好地实现一体化交付模式

传统的建设项目线性组织模式极大地阻碍了 BIM 的应用,基于云技术的 BIM 应用,不仅带来了 BIM 技术的提升，而且带来了管理模式的变革。BIM 类跨组织技术的应用，需要解决组织与技术间的匹配问题，并促进两者的互动。虽然 BIM 在设计—招标—建造（Design-Bid-Build，DBB）模式中的应用并非个例，但集成项目交付模式被广泛认为

是 BIM 有效应用的理想项目组织模式。通过基于云技术的 BIM 应用，结合各方交互的便利性，能更好地实现一体化交付模式。

4.通过云数据库进行企业知识管理

建筑企业自身往往无法有效地进行知识管理，如企业定额的制定等。云 BIM 平台拥有强大的云数据库资源和大数据分析能力，未来将为建筑企业提供知识管理服务。通过云 BIM 模型及相关施工信息的积累，挖掘和利用这些沉淀数据，可形成企业定额，从而提高建筑企业的竞争力。

参 考 文 献

[1]陈建达,詹耀裕,安昶. 装配式混凝土建筑概论[M]. 天津:天津科学技术出版社,2018.

[2]陈松来,何敏娟,倪骏. 填充剪力墙梁柱式木框架混合结构抗侧力[J]. 哈尔滨工业大学学报,2013,45(4):92-100.

[3]陈锡宝,杜国城. 装配式混凝土建筑概论[M]. 上海:上海交通大学出版社,2017.

[4]陈忠范. 工业化村镇建筑[M]. 南京:东南大学出版社,2017.

[5]梁兴文. 混凝土结构设计[M]. 重庆:重庆大学出版社,2014.

[6]张清醒,邹林,付焱. 装配式混凝土建筑概论[M]. 武汉:中国地质大学出版社,2020.

[7]程永红. 建筑工程中绿色技术的具体应用及发展建议[J]. 河南建材,2019(2):30-31.

[8]曹辉仔. 房建工程中绿色施工技术的应用探讨[J]. 江西建材,2019(3):71-72.

[9]刘辉阳. 新型绿色节能技术在建筑工程施工中的应用[J]. 房地产世界,2023(11):136-138.

[10]李延利. 新型绿色节能技术在建筑工程施工中的应用[J]. 建筑技术开发,2020,47(17):130-131.

[11]王廷魁,谢尚贤. BIM 与工程管理[M]. 重庆:重庆大学出版社,2023.

[12]王刚,陈旭洪. BIM 技术[M]. 成都:西南交通大学出版社,2020.

[13]刘欣,亓爽. CAD/BIM 技术与应用[M]. 北京:北京理工大学出版社,2021.